U0367779

《模具专业课程设计指导丛书》编委会

主 任 杨占尧

委 员（按姓氏笔画排序）

王高平　杨占尧　杨安民　余小燕

林承全　黄晓燕　甄瑞鳞　蔡　业

蔡桂森

模具专业课程设计 指导丛书

SULIAO MUJU
KECHENG SHEJI
ZHIDAO YU FANLI

塑料模具课程设计

指导与范例

杨占尧 主编

化学工业出版社

北京

图书在版编目（CIP）数据

塑料模具课程设计指导与范例/杨占尧主编. —北京：
化学工业出版社，2009.6 （2021.2重印）
（模具专业课程设计指导丛书）
ISBN 978-7-122-05132-5

Ⅰ. 塑… Ⅱ. 杨… Ⅲ. 塑料模具-课程设计-高等学
校：技术学院-教学参考资料 Ⅳ.TQ320.5

中国版本图书馆 CIP 数据核字（2009）第 043286 号

责任编辑：李军亮　　　　　　　文字编辑：项　澂
责任校对：王素芹　　　　　　　装帧设计：尹琳琳

出版发行　化学工业出版社（北京市东城区青年湖南街 13 号　邮政编码 100011）
印　　装　三河市延风印装有限公司
787mm×1092mm　1/16　印张 13　字数 312 千字　　2021 年 2 月北京第 1 版第 13 次印刷

购书咨询：010-64518888　　　　　　售后服务：010-64518899
网　　址：http://www.cip.com.cn
凡购买本书，如有缺损质量问题，本社销售中心负责调换。

定　　价：39.00 元
版权所有　违者必究

模具作为重要的生产装备和工艺发展方向，在现代工业的规模生产中日益发挥着重大作用。通过模具进行产品生产具有优质、高效、节能、节材、成本低等显著特点，因而在汽车、机械、电子、轻工、家电、通信、军事和航空航天等领域的产品生产中获得了广泛应用。目前我国模具市场的总态势是产需两旺，年生产总量已居世界第三，但我国模具行业总体是大而不强，主要差距是人才不足，专业化、标准化程度低等，特别是人才不足已成为制约模具行业发展的瓶颈。

目前，我国已有高职高专院校 1100 多所，在校学生接近 800 万人，这些高职高专院校中 75％以上开设了制造大类的专业，开设模具设计与制造专业的有近 400 所院校，每年培养几十万的制造业急需人才。为了顺应当前我国高职高专教育的发展形势，配合高职高专院校提高教育质量，进一步落实教育部 ［2006］ 14 号文和 ［2006］ 16 号文精神，化学工业出版社特别组织河南高等机电专科学校、荆州职业技术学院、陕西国防工业职业技术学院、成都电子机械高等专科学校、河南工业大学、河南新飞电器有限公司、浙江宏振机械模具集团有限公司、台州市西得机械模具有限公司等单位相关专家，编写了一套能够系统讲解模具专业课程设计方面的图书——《模具专业课程设计指导丛书》，包括《冲压模具课程设计指导与范例》、《塑料模具课程设计指导与范例》、《模具制造工艺课程设计指导与范例》等。本套丛书的编写者和审定者都是从事高职高专教育和模具企业生产第一线有丰富实践经验的骨干教师、学者和工程师。

本套丛书根据高职高专学生的培养目标，十分强调实践能力和创新意识的培养，以模具课程设计这一主线贯穿于整套丛书。该套丛书具有以下主要特色。

① 特别重视对高等职业教育所面向的基本岗位分析。结合职业教育的特点，深度分析模具专业所面对的产业基础、发展导向和岗位特征，充分体现高等职业教育的类型特色。

② 多方参与。充分利用各种资源，尤其是行业企业的资源，在学校参与的基础上，着重行业企业的参与，引进他们的标准。

③ 聘请高职模具专业领域认可度较高的专家指导，同时请外籍专家提供咨询。

④ 丛书的编写以企业对人才需求为导向，以岗位职业技能要求为标准，以与企业无缝接轨为原则，以企业技术发展方向为依托，以知识单元体系为模块，结合职业教育和技能培训实际情况，注重学生职业技能的培养。

本套丛书以职业院校模具专业课程设计要求为依据，以指导读者有效地进行课程设计为目的，强调实用性，包括模具课程设计的目的和任务、工艺分析与设计过程、设计的基本要点以及典型实例分析等内容。同时特别注重实例的讲解，以方便读者的理解和掌握。

本套丛书可供职业技术院校模具专业的师生使用，也可供从事模具设计与制造的技术人员学习使用。

杨占尧

前　言

　　塑料模具课程设计是模具设计与制造专业学生最重要的实践教学环节之一，是对学生知识掌握情况的一次全面训练和考察。塑料模具课程设计对于学生巩固和深化所学知识、培养塑料模具设计能力、形成良好的职业素养具有非常重要的意义。但是，在教学实践中，我们都有一个感觉，就是学生在进行塑料模具课程设计时不知道该如何下手，不知道该如何选择模具材料，不知道该如何确定零件的表面粗糙度，不知道该如何选取零件间的公差与配合，不知道该对零件提出哪些技术要求，不知道是先画装配图还是先画零件图，不知道该如何查找设计资料，更不知道该到哪里去查设计资料等。到目前为止，还没有一本比较全面、系统、完整、实用的课程设计指导书去教学生该如何去做。为此，凭着自己14年的企业实践、10年的模具教学及指导塑料模具课程设计体会，同时参考兄弟院校的经验，编写了这本设计指导与范例。

　　本书内容浅显易懂、图文并茂，既有简单的理论指导，又有大量的实例参考，解决了初学者不知如何进行模具设计、设计时不知如何查找资料的难题。全书共分7章，主要包括课程设计概论、模具设计程序与图样绘制、课程设计课题汇编、最新的塑料模国家标准、常用设计资料汇编和塑料模设计实例，是一本能够指导学生进行塑料模具课程设计的综合性教材。

　　本书适合于高职高专模具专业、成人高校及本科高校设立的二级职业技术学院的模具专业、民办高校开设的材料成型及控制工程专业使用，也可供机械类其他专业选用，还可供模具企业有关工程技术人员参考。

　　本书由河南机电高等专科学校杨占尧、张洁，苏州市职工大学李耀辉，桂林工学院南宁分院廖月莹，新乡学院刘树杰、刘建华，郑州航空工业管理学院王秀红和浙江工业大学任建平等编写，由杨占尧教授担任主编并负责统稿。在本书编写过程中还得到了王学让、武良臣、杨安民、白柳、王高平等专家的大力支持和帮助，在此表示诚挚的感谢。

　　由于编者水平有限，时间仓促，难免存在不妥之处，恳请读者批评指正。

编　者

目 录

第 1 章　课程设计概论

1.1　课程设计的目的 ………………………………………………………… 1
1.2　课程设计的内容 ………………………………………………………… 1
1.3　课程设计的一般进程 …………………………………………………… 3
1.4　设计计算说明书 ………………………………………………………… 4
1.5　课程设计总结与答辩 …………………………………………………… 5
　1.5.1　课程设计总结 ……………………………………………………… 5
　1.5.2　课程设计答辩 ……………………………………………………… 5
1.6　课程设计的注意事项 …………………………………………………… 6

第 2 章　模具设计程序与图样绘制

2.1　模具设计程序 …………………………………………………………… 7
　2.1.1　接受任务书 ………………………………………………………… 7
　2.1.2　调研、消化原始资料 ……………………………………………… 7
　2.1.3　选择成型设备 ……………………………………………………… 8
　2.1.4　拟定模具结构方案 ………………………………………………… 8
　2.1.5　方案的讨论与论证 ………………………………………………… 8
　2.1.6　绘制模具装配草图 ………………………………………………… 8
　2.1.7　绘制模具装配图 …………………………………………………… 9
　2.1.8　绘制零件图 ………………………………………………………… 9
　2.1.9　编写设计计算说明书 ……………………………………………… 9
　2.1.10　模具制造、试模与图纸修改 …………………………………… 10
2.2　模具装配图的绘制 ……………………………………………………… 10
　2.2.1　模具装配图的作用 ………………………………………………… 10
　2.2.2　模具装配图的内容 ………………………………………………… 11
　2.2.3　模具装配图的选择与规定画法 …………………………………… 11
　2.2.4　模具装配图上应标注的尺寸 ……………………………………… 14
　2.2.5　模具技术要求的注写 ……………………………………………… 14
　2.2.6　模具装配图中零件序号及其编排方法 …………………………… 15
　2.2.7　标题栏和明细栏的填写 …………………………………………… 15

2.2.8 模具总装配图的绘制要求 ……………………………………………… 16

2.2.9 模具图的习惯画法 ………………………………………………………… 17

2.3 模具零件图的绘制 ………………………………………………………………… 17

2.3.1 模具零件图的作用 ………………………………………………………… 17

2.3.2 模具零件图的内容 ………………………………………………………… 17

2.3.3 模具零件图的视图选择 …………………………………………………… 18

2.3.4 常见模具零件工艺结构的尺寸标注 …………………………………… 20

2.3.5 模具零件图的绘制要求 …………………………………………………… 21

第 3 章 课程设计课题汇编

3.1 塑料套管 ……………………………………………………………………………… 23

3.2 小模数双联圆柱直齿轮 …………………………………………………………… 23

3.3 卡尺盒 ………………………………………………………………………………… 24

3.4 透明塑料试管 ……………………………………………………………………… 24

3.5 折页盒 ………………………………………………………………………………… 25

3.6 螺纹盖 ………………………………………………………………………………… 25

3.7 斜三通 ………………………………………………………………………………… 26

3.8 顺水三通 ……………………………………………………………………………… 26

3.9 灭火器壳 ……………………………………………………………………………… 26

3.10 锥齿轮 ………………………………………………………………………………… 27

3.11 螺母 …………………………………………………………………………………… 28

3.12 刷座 …………………………………………………………………………………… 28

3.13 盒盖 …………………………………………………………………………………… 29

3.14 塑料桶盖 ……………………………………………………………………………… 29

3.15 圆盒 …………………………………………………………………………………… 30

3.16 线轮 …………………………………………………………………………………… 30

3.17 导向轮 ………………………………………………………………………………… 31

3.18 台历架 ………………………………………………………………………………… 31

3.19 电视机按钮 …………………………………………………………………………… 32

3.20 泡沫灭火器喷嘴 ……………………………………………………………………… 32

3.21 快换接头 ……………………………………………………………………………… 33

3.22 塑料罩 ………………………………………………………………………………… 33

3.23 菜筐 …………………………………………………………………………………… 34

3.24 分油套 ………………………………………………………………………………… 34

3.25 油管接头 ……………………………………………………………………………… 35

第 4 章 塑料模具的国家标准件及其应用

4.1 概述 …………………………………………………………………………………… 36

4.2 推出机构的标准件 ··· 37

    4.2.1 推杆（GB/T 4169.1—2006） ································ 37

    4.2.2 扁推杆（GB/T 4169.15—2006） ·························· 39

    4.2.3 带肩推杆（GB/T 4169.16—2006） ····················· 40

    4.2.4 复位杆（GB/T 4169.13—2006） ························· 41

    4.2.5 推板（GB/T 4169.7—2006） ···························· 41

    4.2.6 推管（GB/T 4169.17—2006） ·························· 44

    4.2.7 限位钉（GB/T 4169.9—2006） ························· 45

4.3 导向机构的标准件 ··· 46

    4.3.1 直导套（GB/T 4169.2—2006） ························· 46

    4.3.2 带头导套（GB/T 4169.3—2006） ····················· 48

    4.3.3 带头导柱（GB/T 4169.4—2006） ····················· 49

    4.3.4 带肩导柱（GB/T 4169.5—2006） ····················· 51

    4.3.5 推板导套（GB/T 4169.12—2006） ···················· 53

    4.3.6 推板导柱（GB/T 4169.14—2006） ···················· 54

    4.3.7 拉杆导柱（GB/T 4169.20—2006） ···················· 55

4.4 浇注系统的标准件 ··· 57

    4.4.1 定位圈（GB/T 4169.18—2006） ························ 57

    4.4.2 浇口套（GB/T 4169.19—2006） ························ 57

4.5 模板（GB/T 4169.8—2006） ··· 59

4.6 其他标准件 ··· 61

    4.6.1 垫块（GB/T 4169.6—2006） ···························· 61

    4.6.2 支承柱（GB/T 4169.10—2006） ························ 62

    4.6.3 圆形定位元件（GB/T 4169.11—2006） ················ 64

    4.6.4 矩形定位元件（GB/T 4169.21—2006） ················ 64

    4.6.5 圆形拉模扣（GB/T 4169.22—2006） ·················· 64

    4.6.6 矩形拉模扣（GB/T 4169.23—2006） ·················· 66

4.7 塑料注射模零件技术条件（GB/T 4170—2006） ··················· 68

    4.7.1 要求 ··· 68

    4.7.2 检验 ··· 68

    4.7.3 标志、包装、运输、储存 ································· 68

4.8 塑料注射模技术条件（GB/T 12554—2006） ······················ 69

    4.8.1 零件要求 ··· 69

    4.8.2 装配要求 ··· 70

    4.8.3 验收 ··· 71

    4.8.4 标志、包装、运输、储存 ································· 72

第5章 塑料注射模的标准模架

5.1 标准模架的形式与零件组成 ··· 73

5.2　模架组合形式……………………………………………………74
　　5.2.1　直浇口模架………………………………………………74
　　5.2.2　点浇口模架………………………………………………74
　　5.2.3　简化点浇口模架…………………………………………77
5.3　模架导向件与螺钉安装形式……………………………………80
5.4　基本型模架组合尺寸……………………………………………82
5.5　型号、系列、规格及标记………………………………………92
5.6　塑料注射模模架技术条件（GB/T 12556—2006）……………93
　　5.6.1　要求………………………………………………………93
　　5.6.2　检验………………………………………………………94
　　5.6.3　标志、包装、运输、储存………………………………94

第 6 章　模具设计常用资料汇编

6.1　塑料模具材料及其选用…………………………………………95
　　6.1.1　对塑料模成型零件材料的要求…………………………95
　　6.1.2　塑料模成型零件的材料选用……………………………95
6.2　塑料模常用螺钉及选用…………………………………………98
　　6.2.1　内六角圆柱头螺钉…………………………………………98
　　6.2.2　内六角平圆头螺钉………………………………………100
　　6.2.3　螺钉的许用载荷…………………………………………101
　　6.2.4　螺钉的选用原则…………………………………………102
6.3　塑料模常用销钉…………………………………………………103
　　6.3.1　销钉的装配………………………………………………103
　　6.3.2　普通圆柱销………………………………………………104
　　6.3.3　普通圆锥销………………………………………………104
6.4　塑件的尺寸精度和表面粗糙度…………………………………105
　　6.4.1　塑件的尺寸………………………………………………105
　　6.4.2　塑件的尺寸精度…………………………………………105
　　6.4.3　塑件的表面粗糙度………………………………………108
6.5　塑料螺纹不计收缩率时可以配合的极限长度…………………109
6.6　弹簧的计算与选用………………………………………………110
　　6.6.1　圆柱形压缩弹簧…………………………………………110
　　6.6.2　碟形弹簧…………………………………………………111
6.7　聚氨酯弹性体……………………………………………………112
6.8　常用材料的性能…………………………………………………113
　　6.8.1　常用材料的弹性模量、切变模量及泊松比……………113
　　6.8.2　常用材料的摩擦因数……………………………………113
　　6.8.3　常用金属材料密度………………………………………115
6.9　常用计算公式……………………………………………………115

　　6.9.1　常用金属材料质量计算公式 ················· 115

　　6.9.2　常用金属材料体积计算公式 ················· 116

　6.10　塑料的收缩率 ······························· 117

　　6.10.1　影响塑料收缩率的主要因素 ·············· 117

　　6.10.2　常用塑料的收缩率 ······················ 118

　6.11　成型零部件壁厚的经验数据 ···················· 119

　　6.11.1　矩形型腔的壁厚经验数据 ················ 119

　　6.11.2　圆形型腔的壁厚经验数据 ················ 119

　　6.11.3　型腔的底壁厚度经验数据 ················ 119

　6.12　常用塑料的溢边值 ··························· 121

　6.13　排气槽断面积的推荐值 ······················· 121

　6.14　塑料注射机的选用与模具安装尺寸 ··············· 122

　　6.14.1　塑料注射机的选用 ······················ 122

　　6.14.2　塑料注射机安装模具尺寸 ················ 123

　6.15　模具专业常用网络站点 ······················· 128

　6.16　模具专业常用人型网络数据库 ·················· 130

　6.17　模具专业常用专利文献 ······················· 131

第 7 章　塑料模设计实例

　7.1　塑料油壶盖注射模设计 ························· 133

　　7.1.1　设计任务书 ····························· 133

　　7.1.2　塑件成型工艺分析 ······················ 133

　　7.1.3　分型面选择及浇注系统的设计 ·············· 136

　　7.1.4　模具设计的方案论证 ····················· 137

　　7.1.5　主要零部件的设计计算 ··················· 138

　　7.1.6　塑料注射机有关参数的校核 ··············· 139

　　7.1.7　绘制模具装配图 ························· 144

　　7.1.8　拆画零件图 ····························· 145

　　7.1.9　编制设计计算说明书（略） ··············· 145

　7.2　继电器盒盖注射模设计 ························· 145

　　7.2.1　塑件分析 ······························· 145

　　7.2.2　总装草图设计 ··························· 145

　　7.2.3　总装图和零件图 ························· 148

　7.3　电风扇罩注射模设计 ··························· 150

　　7.3.1　设计任务书 ····························· 150

　　7.3.2　塑件的工艺分析 ························· 150

　　7.3.3　成型设备的选择及校核 ··················· 151

　　7.3.4　设计计算 ······························· 153

　　7.3.5　模具结构分析与设计 ····················· 158

7.3.6　成型工艺参数的确定 ……………………………………… 162

7.4　电流线圈架注射模设计 ………………………………………… 163
 7.4.1　模塑工艺规程的编制 ……………………………………… 163
 7.4.2　模具设计的有关计算 ……………………………………… 164
 7.4.3　模具加热与冷却系统的计算 ……………………………… 166
 7.4.4　注射模的结构设计 ………………………………………… 167
 7.4.5　模具闭合高度的确定 ……………………………………… 173
 7.4.6　注射机有关参数的校核 …………………………………… 173
 7.4.7　绘制模具总装图和非标零件工作图 ……………………… 173
 7.4.8　注射模主要零件加工工艺规程的编制 …………………… 173

7.5　防护罩注射模设计实例 ………………………………………… 174
 7.5.1　设计任务书 ………………………………………………… 174
 7.5.2　塑件的工艺性分析 ………………………………………… 175
 7.5.3　选择成型设备并校核有关参数 …………………………… 176
 7.5.4　成型零件工作尺寸计算 …………………………………… 176
 7.5.5　模具结构方案确定 ………………………………………… 176
 7.5.6　模具总装配图绘制 ………………………………………… 179

7.6　支架注射模具设计 ……………………………………………… 180
 7.6.1　塑件分析 …………………………………………………… 180
 7.6.2　确定模具结构形式 ………………………………………… 181
 7.6.3　模具工作过程 ……………………………………………… 182

7.7　带螺纹壳体塑件注射模设计 …………………………………… 183
 7.7.1　塑件工艺分析 ……………………………………………… 184
 7.7.2　模具结构设计 ……………………………………………… 184
 7.7.3　模具的工作过程 …………………………………………… 185
 7.7.4　模具的设计要点 …………………………………………… 185

7.8　分油管周向+型芯斜槽抽芯注射模设计 ……………………… 185
 7.8.1　塑件工艺分析 ……………………………………………… 186
 7.8.2　模具结构设计 ……………………………………………… 186
 7.8.3　模具的工作过程 …………………………………………… 187
 7.8.4　设计模具时的注意点 ……………………………………… 188

7.9　水碗注射模设计 ………………………………………………… 188
 7.9.1　零件的工艺性分析 ………………………………………… 188
 7.9.2　模具结构设计和工作过程 ………………………………… 188
 7.9.3　分型面与浇注系统的设计 ………………………………… 189
 7.9.4　其他结构的设计 …………………………………………… 189

7.10　密封端盖注射模设计 …………………………………………… 190
 7.10.1　塑件工艺分析 …………………………………………… 190
 7.10.2　模具结构及工作过程 …………………………………… 191
 7.10.3　模具设计要点 …………………………………………… 191

参考文献 ……………………………………………………………… 193

第1章　课程设计概论

1.1　课程设计的目的

在进行课程设计之前，学生已经学习了《机械制图》、《公差与技术测量》、《机械原理及零件》、《模具材料及热处理》、《模具制造工艺》和《塑件成型工艺及模具设计》等专业基础课程和专业课程，进行过金工实习、生产实习和《塑件成型工艺及模具设计》课程的实验实训教学，初步了解了塑件的成型工艺和生产过程，熟悉了多种塑料模具的典型结构。

本课程设计是《塑料成型工艺与模具设计》课程中的最后一个教学环节，也是一次对学生进行比较全面的塑料模具设计训练。其目的是：

(1) 巩固和深化所学课程的知识

通过课程设计，要求学生初步学会综合运用塑料模具设计、机械制图、公差与技术测量、机械原理及零件、模具材料及热处理、模具制造工艺等先修课程的基本知识和方法，来解决工程实际中的具体设计问题，以进一步巩固和深化所学课程的知识。

(2) 培养塑料模具设计的能力

通过塑件成型工艺分析、分型面及浇注系统的确定、塑料模设计的方案论证、主要零部件的设计计算、塑料模具结构设计、查阅有关标准和规范以及编写设计计算说明书，要求学生掌握一般塑料模具的设计内容、步骤和方法，基本掌握塑料模具设计的一般规律，培养分析问题和解决问题的能力。

(3) 为毕业设计打下良好基础

通过计算、绘图和运用技术标准、规范、设计手册等有关设计资料，进行塑料模具设计的全面基本技能训练，为毕业设计打下一个良好的实践基础。

(4) 形成从业的基本职业素养

使学生正确运用技术标准和资料，培养认真负责、踏实细致的工作作风和严谨的科学态度，强化质量意识和时间观念，形成从业的基本职业素养。

1.2　课程设计的内容

塑料模具课程设计的内容，一般是选择比较适当的中等复杂程度注塑模进行设计，并要求学生在规定的时间内完成。设计任务一般以任务书的形式下达，任务书的格式如表1-1所示。

表 1-1　课程设计任务书格式

塑料模具课程设计任务书

专业：　　　　班级：　　　　　　姓名：　　　　学号：

课题名称：

塑件图：

设计要求：

　1. 装配工作图 1 张（A0 或 A1 图纸）；

　2. 主要模具零件图 3～4 张（如塑件图、成型零件、模具型腔及非标准件）；

　3. 编写设计计算说明书 1 份（按 A4 装订）

指导教师：　　　　　教研室主任：　　　　　系主任：

（1）课程设计任务书

模具课程设计题目一般来源于生产第一线，满足教学要求和生产实际的要求。

在任务书中成型件图形必须清晰，技术说明齐全，详细提供零件材料、生产批量、现有设备等技术信息。

（2）课程设计要求

课程设计的要求主要有以下几个方面：

① 合理地选择模具结构 根据塑件的图纸及技术要求，研究和选择适当的成型方法与设备，结合工厂的机械加工能力，提出模具结构方案，充分征求有关方面的意见，进行分析讨论，以使设计出的模具结构合理、质量可靠、操作方便。必要时可根据模具设计和加工的需要，提出修改塑件图纸的要求，但需征得用户同意后方可实施。

② 正确地确定模具成型零件的尺寸 成型零件是确定制件形状、尺寸和表面质量的直接因素，关系甚大，需特别注意。计算成型零件尺寸时，一般可采用平均收缩率法。对精度较高并需控制修模余量的制件，可按公差带法计算，对于大型精密制件，最好能用类比法，实测塑件几何形状在不同方向上的收缩率进行计算，以弥补理论上难以考虑的某些因素的影响。

③ 设计的模具应当制造方便 设计模具时，尽量做到使设计的模具制造容易，造价便宜。特别对于那些比较复杂的成型零件，必须考虑是采用一般的机械加工方法加工还是采用特殊的加工方法加工。若采用特殊的加工方法，那么加工之后怎样进行组装，类似问题在设计模具时均应考虑和解决，同时还应考虑到试模以后的修模，要留有足够的修模余量。

④ 充分考虑塑件设计特色，尽量减少后加工 尽量用模具成型出符合塑件设计特点的制件，包括孔、槽、凸、凹等部分，减少浇口、溢边的尺寸，避免不必要的后加工。但应将模具设计与制造的可行性与经济性综合考虑，防止片面性。

⑤ 设计的模具应当效率高、安全可靠 这一要求涉及模具设计的许多方面，如浇注系统需充模快、闭模快，温度调节系统效果好，脱模机构灵活可靠，自动化程度高等。

⑥ 模具零件应耐磨耐用 模具零件的耐用度影响整个模具的使用寿命，因此在设计这类零件时不但应对其材料、加工方法、热处理等提出必要的要求。像推杆一类的销柱件还容易卡住、弯曲、折断，因此而造成的故障占模具故障的大部分，因此还应考虑如何方便地调整与更换零件，但须注意零件寿命与模具相适应。

⑦ 模具结构要适应塑料的成型特性 在设计模具时，充分了解所用塑料的成型特性，并尽量满足要求，同样是获得优质制件的重要措施。

考虑到课程设计的时间限制，课程设计主要是完成：

① 绘制模具总装图。

② 绘制主要模具零件图 3～4 张（如塑件图、成型零件、模具型腔及非标准件）。

③ 编写设计计算说明书 1 份并装订成册。

1.3 课程设计的一般进程

课程设计的时间一般为 2～3 周，其一般进程及其相应的设计内容和工作量如表 1-2 所示。

表 1-2　课程设计的一般进程

阶段	主 要 内 容	大约工作量
1	设计准备:了解设计任务书、原始数据、工作条件及设计要求,明确设计任务;通过查阅有关设计资料、观看电教片和现场参观等,达到对设计对象的性能、结构及工艺有比较全面的认识和了解;准备好设计所需的资料、绘图用具及图纸等	4%
2	塑件成型工艺分析:塑件的原材料分析,塑件的结构工艺性分析,估算塑件的体积和重量,初选注射机	5%
3	型腔数量、分型面及浇注系统的确定:最佳分型面的论证、浇注系统的设计	6%
4	塑料模设计方案的论证:确定型腔布局、成型零件的结构及其固定方式,推出机构的确定,抽芯机构的确定,冷却系统的设计论证,绘制模具结构草图	10%
5	主要零部件的设计计算:成型零件的成型尺寸计算、模具概略尺寸的确定、抽芯机构的设计计算、推出机构的设计计算、成型设备的校核计算	20%
6	完成装配工作图:绘制装配工作图,标注主要尺寸、公差配合及零件序号,编写标题栏、零件明细表及技术要求等	30%
7	绘制零件工作图:绘出必要的视图和剖面图,标注尺寸、公差及表面粗糙度,编写技术要求、零件明细表及标题栏	10%
8	编写设计计算说明书:根据计算草稿整理,并附以必要的插图和说明	10%
9	设计总结及答辩	5%

1.4　设计计算说明书

对于课程设计来说,设计计算说明书是反映设计思想、设计方法以及设计结果等的主要文件,是评判课程设计质量的重要资料。设计计算说明书是审核设计是否合理的技术文件之一,主要在于说明设计的正确性,故不必写出全部分析、运算和修改过程。但要求分析方法正确,计算过程完整,图形绘制规范,语句叙述通顺。

设计计算说明书作为产品设计的重要技术文件之一,是图样设计的基础和理论依据,也是进行设计审核、教师评分的依据。

从课程设计开始,设计者就应随时逐项记录设计内容、计算结果、分析见解和资料来源。每一设计阶段结束后,随即整理、编写出有关部分的说明书,课程设计结束时,再归纳、整理,编写正式设计计算说明书。编写设计计算说明书时应注意:

① 设计计算说明书应按内容顺序列出标题,做到层次清楚、重点突出。计算过程列出计算公式,代入有关数据,写出计算结果,标明单位,并写出根据计算结果所得出的结论或说明。

② 引用的计算公式或数据要注明来源,主要参数、尺寸、规格和计算结果可在每页右侧计算结果栏中列出。

③ 为清楚地说明计算内容,设计计算说明书中应附有必要的简图,如总体设计方案图、零件工作简图、受力图等。

④ 设计计算说明书要用钢笔或用计算机按规定格式书写或打印在 A4 纸上,按目录编写内容、标出页码,然后左侧装订成册。

1.5 课程设计总结与答辩

设计总结和答辩是课程设计过程中的最后一个环节。通过总结和答辩，可以帮助设计者进一步掌握塑料模具的设计方法，提高分析和解决实际问题的能力。

1.5.1 课程设计总结

课程设计总结主要包括对设计结果的分析和对设计工作的小结。

（1）对设计结果的分析

尽管在课程设计的每一阶段中都应进行设计结果的分析，但是最后对设计结果进行总结性分析也是非常重要的。

设计结果的分析，具有总结性和全面性的意义。因此，分析时应重新以设计任务书的要求为依据，评价自己的设计结果是否满足设计任务书的要求，全面地分析所做设计的优缺点。

在对设计结果进行分析时，应着重分析设计方案的合理性、设计计算及结构设计的正确性。因此，设计者应认真检查和分析自己设计的塑料模具装配工作图、主要零件的零件工作图以及计算说明书等设计作业。

对装配图，应着重检查和分析成型零件、推出机构和抽芯机构的设计在结构、工艺性、机械制图等方面存在的错误；对零件工作图，应着重检查和分析尺寸及公差标注方面的错误；对设计计算说明书，应着重检查和分析计算依据、计算结果是否准确可靠。

由于是初次进行设计，出现某些不合理的设计和错误是正常的。但是，在设计总结中，应该对不合理的设计和错误作进一步的分析，并提出改进性的设想，从中使自己的设计能力得到提高。

（2）对设计工作的小结

对设计工作进行小结，也是总结和提高的一个过程。撰写设计工作小结时，建议从以下几个方面进行思考：

① 通过课程设计，自己在哪些设计能力方面有明显的变化？哪些方面还需进一步提高？

② 通过课程设计，自己掌握了哪些设计方法和技巧？

③ 分析自己的设计结果，认为有哪些设计的优点和缺点？对于缺点应该如何改进？

④ 在今后的设计中，自己应该注意哪些问题才能提高设计的质量？

1.5.2 课程设计答辩

学生在老师指导下，完成全部设计工作量之后，必须整理好全部设计图纸及设计计算说明书，将图纸折叠整齐，说明书装订成册，与图纸一起装袋，呈交指导老师审阅。然后根据教研室统一安排，进行课程设计答辩。

课程设计答辩是课程设计的重要组成部分。它不仅是为了考核和评估设计者的设计能力、设计质量与设计水平，而且通过总结与答辩，使设计者对自己设计工作和设计结果进行一次较全面系统的回顾、分析和总结，从而达到"知其然"也"知其所以然"的目的，是一次知识与能力进一步提高的过程。因此，每位学生必须精心准备、认真对待。

课程设计答辩结束后，指导教师根据学生的设计图纸和设计计算说明书的质量以及学生在课程设计中各个阶段的情况，进行综合评估并确定学生的课程设计成绩。

1.6　课程设计的注意事项

(1) 正确处理继承和创新的关系

要求学生在教师的指导下独立完成课程设计。在设计过程中，既要继承或借鉴前人的设计经验，但又不能盲目地全盘照搬。正确的途径应该是：在充分理解现有设计成果的基础上，根据具体的设计条件和要求，发挥自己的独立思考能力，大胆地进行改进和创新。实践证明：只有这样，才能使课程设计达到满意的效果。

(2) 学会应用"三边"设计方法

由于课程设计过程中的各个阶段是既相互关联而又彼此制约的，因此，往往本阶段发现的问题，牵涉到需要对前面的设计和计算作相应的修改，甚至有的结构和具体尺寸要通过绘图或由经验公式才能确定。因而在设计过程中采用边计算、边绘图、边修改的"三边"设计方法不仅是十分必要的，而且也是符合循序渐进和交叉反馈并行的认识规律的。那种认为只有待全部的理论计算结束和所有的具体结构尺寸确定后才能开始绘图的观点是完全错误的。

(3) 尽量采用标准件

在设计中贯彻标准化的设计思想，以保证互换性、降低成本、缩短设计周期，是模具设计中应遵循的原则之一，也是设计质量的一项评价指标。在课程设计中应熟悉和正确采用各种有关技术标准与规范，尽量采用标准件，并应注意一些尺寸需圆整为标准尺寸。同时，设计中应减少材料的品种和标准件的规格。

(4) 讲究和提高工作效率

讲究并不断提高工作效率有利于培养良好的工作作风，为此，首先应从思想上引起足够的重视，并在教师的指导下逐步学会合理安排时间，以避免发生前松后紧或顾此失彼的现象。同时，在设计过程中也必须采取一切有利于提高工作效率的措施。如事先制订好切实可行的工作计划，经常查阅有关设计资料和标准；在草稿本上写下编写设计计算说明书时所必需的计算过程及有关数据或标准的来源，且各行之间还应留有一定的间隔，以适应修改或调整设计计算结果的需要。

第 2 章 模具设计程序与图样绘制

2.1 模具设计程序

2.1.1 接受任务书

模具设计任务书通常由塑料制件工艺员根据成型塑料制件任务书提出，经主管领导批准后下达，模具设计人员以模具设计任务书为依据进行模具设计。其内容应包括：

① 经过审签的正规塑料制件图纸，并注明所用塑料的牌号与要求（如色泽、透明度等）；

② 塑料制件的说明书或技术要求；

③ 成型方法；

④ 生产数量；

⑤ 塑料制件样品（可能时）。

2.1.2 调研、消化原始资料

收集整理有关塑料制件设计、成型工艺、成型设备、机械加工、特种工艺等有关资料，以备设计模具时使用。

消化塑料制件图，了解塑件（塑料制件）的用途，分析塑件的工艺性、尺寸精度等技术要求，如：塑件的原材料、表面形状、颜色与透明度、使用性能与要求；塑件的几何结构、斜度、嵌件等情况；熔接痕、缩孔等成型缺陷出现的可能与允许程度；浇口、顶杆等可以设置的部位；有无涂装、电镀、胶接、钻孔等后加工等，此类情况对塑件设计均有相应要求。选择塑件精度最高的尺寸进行分析，察看估计成型公差是否低于塑件的允许公差，能否成型出合乎要求的制件。若发现问题，可对塑件图纸提出修改意见。

分析工艺资料，了解所用塑料的物化性能、成型特性以及工艺参数，如材料与制件必需的强度、刚度、弹性；所用塑料的结晶性、流动性、热稳定性；材料的密度、黏度特性、比热容、收缩率、热变形温度以及成型温度、成型压力、成型周期等。并注意收集如弹性模量 E、摩擦因数 f、泊松比 μ 等与模具设计计算有关的资料和参数。

熟悉工厂实际情况，如：有无空压机及模温调节控制设备；成型设备的技术规范；模具制造车间的加工能力与水平；理化室的检测手段等。以便能密切联系工厂实际，既方便又经济地进行模具设计工作。

2.1.3 选择成型设备

模具与设备必须配套使用，因为多数情况下都是根据成型设备的种类来进行模具设计，为此，在设计模具之前，首先要选择好成型设备，这就需要了解各种成型设备的规格、性能和特点。以注塑机来说，如注塑容量、锁模压力、注塑压力、模具安装尺寸、顶出方式与距离、喷嘴直径与喷嘴球面半径、定位孔尺寸、模具最大与最小厚度、模板行程等，都将影响到模具的结构尺寸与成型能力。同时还应初估模具外形尺寸，判断模具能否在所选的注塑机上安装与使用。

2.1.4 拟定模具结构方案

理想的模具结构应能充分发挥成型设备的能力（如合理的型腔数目和自动化水平等），在绝对可靠的条件下使模具本身的工作最大限度地满足塑件的工艺技术要求（如塑件的几何形状、尺寸精度、表面粗糙度等）和生产经济要求（成本低、效率高、使用寿命长、节省劳动力等），由于影响因素很多，可先从以下几方面做起：

① 塑件成型 按塑件形状结构合理确定其成型位置，因成型位置在很大程度上影响模具结构的复杂性。

② 型腔布置 根据塑件的形状大小、结构特点、尺寸精度、批量大小以及模具制造的难易、成本高低等确定型腔的数量与排列方式。

③ 选择分型面 分型面的位置要有利于模具加工、排气、脱气、脱模、塑件的表面质量及工艺操作等。

④ 确定浇注系统 包括主流道、分流道、冷料穴（冷料井），浇口的形状、大小和位置，排气方法、排气槽的位置与尺寸大小等。

⑤ 选择脱模方式 考虑开模、分型的方法与顺序，拉料杆、推杆、推管、推板等脱模零件的组合方式，合模导向与复位机构的设置以及侧向分型与抽芯机构的选择与设计。

⑥ 模温调节 模温的测量方法，冷却水孔道的形状、尺寸与位置，特别是与模腔壁间的距离及位置关系。

⑦ 确定主要零件的结构、尺寸 考虑成型与安装的需要及制造与装配的可能，根据所选材料，通过理论计算或经验数据，确定型腔、型芯、导柱、导套、推杆、滑块等主要零件的结构、尺寸以及安装、固定、定位、导向等的方法。

⑧ 支承与连接 如何将模具的各个组成部分通过支承块、模板、销钉、螺钉等支承与连接零件，按照使用与设计要求组合成一体，获得模具的总体结构。

结构方案的拟定，是设计工作的基本环节。设计者应将其结果用简图和文字加以描绘与记录，作为方案设计的依据与基础。

2.1.5 方案的讨论与论证

拟定初步方案时，应广开思路，多想一些办法，随后广泛征求意见，进行分析论证与权衡，选出最合理的方案。

2.1.6 绘制模具装配草图

总装配图的设计过程比较复杂，应先从画草图着手，经过认真的思考、讨论与修改，使其逐步完善，方能最后完成。草图设计过程是"边设计（计算）、边绘图、边修改"的过程，不能指望所有的结构尺寸与数据一下就能定得合适，所以在设计过程中往往需反复多次修改。其基本方法就是将初步拟定的结构方案在图纸上具体化，最好是用坐标纸，尽量采用1∶1的比例，先从型腔开始，由里向外，主视图、俯视图和侧视图同时进行：

　　① 型腔与型芯的结构；

　　② 浇注系统、排气系统的结构形式；

　　③ 分型面及分型、脱模机构；

　　④ 合模导向与复位机构；

　　⑤ 冷却或加热系统的结构形式与部位；

　　⑥ 安装、支承、连接、定位等零件的结构、数量及安装位置；

　　⑦ 确定装配图的图纸幅面、绘图比例、视图数量布置及方式。

2.1.7　绘制模具装配图

绘制模具装配图时应注意做到以下几点：

　　① 认真、细致、干净、整洁地将修改已就的结构草图，按标准画在正式图纸上；

　　② 将原草图中不细不全的部分在正式图上补细补全；

　　③ 标注技术要求和使用说明，包括某些系统的性能要求（如顶出机构、侧抽芯机构等），装配工艺要求（如装配后分型面的贴合间隙的大小、上下面的平行度、需由装配确定的尺寸要求等），使用与装拆注意事项以及检验、试模、维修、保管等，达到要求；

　　④ 全面检查，纠正设计或绘图过程中可能出现的差错与遗漏。

2.1.8　绘制零件图

绘制零件图时应注意做到以下几点：

　　① 凡需自制的零件都应画出单独的零件图；

　　② 图形尽可能按1∶1的比例画出，但允许放大或缩小，要做到视图选择合理，投影正确，布置得当；

　　③ 统一考虑尺寸、公差、形位公差、表面粗糙度的标注方法与位置，避免拥挤与干涉，做到正确、完整、有序，可将出现最多的一种表面粗糙度以"其余"的形式标于图纸的右上角；

　　④ 零件图的编号应与装配图中的序号一致，便于查对；

　　⑤ 标注技术要求，填写标题栏；

　　⑥ 自行校对，以防差错。

2.1.9　编写设计计算说明书

编写设计计算说明书有以下内容：

　　① 目录；

　　② 设计题目或设计任务书；

　　③ 塑件分析（含塑件图）；

　　④ 塑料材料的成型特性与工艺参数；

　　⑤ 设备的选择，设备的型号、主要参数及有关参数的校核；

⑥ 浇注系统的设计，包括塑件成型位置，分型面的选择，主流道、分流道、浇口、冷料井、排气槽的形式、部位及尺寸，流长比的校核等；

⑦ 成型零部件的设计与计算，型腔、型芯等的结构设计、尺寸计算、强度校核等；

⑧ 脱模机构的设计，脱模力的计算，拉料机构、顶出机构、复位机构等的结构形式、安装定位、尺寸配合以及某些构件所需的强度、刚度或稳定性校核；

⑨ 侧抽芯机构的设计，包括抽拔距与抽拔力的计算，抽芯机构的形式、结构、尺寸以及必要的验算；

⑩ 脱螺纹机构的设计，包括脱模方式的选择，止转方法、驱动装置、传动系统、补偿机构等的设计与计算；

⑪ 合模导向机构的设计，包括组成元件、结构尺寸、安装方式；

⑫ 温度调节系统的设计与计算，包括模具热平衡计算，冷却系统的结构、尺寸、位置；

⑬ 支承与连接零件的设计与选择，如支承块、模板等非标零件的设计（形状、结构与尺寸）和螺钉、销钉等标准件的选择（规格、型号、标准、数量）等；

⑭ 其他技术说明；

⑮ 设计小结、体会、建议等；

⑯ 参考资料，资料编号、名称、作者、出版年月。

在编写过程中要注意：文字简明通顺，书写整齐清晰，计算正确完整，并要画出与设计计算有关的结构简图。计算部分只要求列出公式，代入数据，求出结果即可，运算过程可以省略。写好后校对，最后装订成册。

2.1.10　模具制造、试模与图纸修改

模具图纸交付加工后，设计者的工作并未完结，设计者往往需关注跟踪模具加工制造全过程及试模修模过程，及时增补设计疏漏之处，更改设计不合理之处，或对模具加工厂方不能满足模具零件局部加工要求之处进行变通，直到试模完毕能生产出合格注塑件。图纸的修改应注意手续和责任。

2.2　模具装配图的绘制

无论是简单塑料成型模具还是复杂塑料成型模具，都由若干个模具零、部件组成。装配图是表示模具零件及其组成部分的连接、装配关系的图样。它用以表示该套模具的构造，零件之间的装配与连接关系，模具的工作原理以及生产该套模具的技术要求、检验要求等。

2.2.1　模具装配图的作用

在塑料制品的生产中，无论是新产品开发，还是对其他产品进行仿造、改制，都要先分析制件工艺性，确定模具结构后画出装配图。开发新产品，设计部门应首先画出整套模具的总装配图和模具各组成部分的部件装配图，然后再根据装配图画出非标准件的零件图；制造部门则首先根据零件图制造模具零件，然后再根据装配图将零件装配成完整的模具；同时，装配图又是装配、调试、生产操作和模具维修的标准资料。由此可见，模具装配图是指导模具生产的重要技术文件。

2.2.2　模具装配图的内容

图 2-1 所示为水箱斜导柱抽芯注塑模的装配图。从图中可看出，一张完整的模具装配图应具有下列内容。

(1) 一组图形

用来表示塑料成型模具的构造、工作原理、零件间的装配、连接关系及主要零件的结构形状。

(2) 必要的尺寸

用来表示模具装配整体的规格或性能以及装配、安装、检验、运输等方面所需要的尺寸。

(3) 零件编号、标题栏和明细栏

① 为了便于读图和图样管理，装配图上所有的零、部件都必须编写序号，并在标题栏上方编制相应的明细栏。

② 标题栏用来填明模具的名称、绘图比例、质量和图号及设计者、校对者、工艺者、审核者、批准者姓名和设计单位等信息。

③ 明细栏用来记载模具非标准零件的名称、序号、材料、数量及标准件的规格、标准代号等。

(4) 技术要求

用文字或代号说明模具在装配、检验、调试时需达到的技术条件和要求及使用规范等。一般包括：对模具在装配、检验时的具体要求；关于模具关键件性能指标方面的要求；安装、运输及使用方面的要求；有关试验项目的规定等。

2.2.3　模具装配图的选择与规定画法

(1) 模具装配图的选择

模具装配图应反映模具的结构特征、工作原理及零件间的相对位置和装配关系。塑料成型模具总装配图布局如图 2-2 所示。装配图的主视图和其他视图选择方法如下。

① 模具装配图的主视图　一般应符合模具的工作位置，并要求尽量多地反映模具的工作原理和零件之间的装配关系。由于组成模具的各零件往往相互交叉、遮盖而导致投影重叠，因此，模具装配图一般都要画成剖视图，以使某一层次或某一装配关系的情况表示清楚。

② 其他视图选择　其他视图的选择应能补充主视图尚未表达或表达不够充分的部分。一般情况下，零、部件中的每一种零件至少应在视图中出现一次。

(2) 模具装配图的规定画法

① 两零件的接触面或配合（包括间隙配合）表面，规定只画一条线。而非接触面、非配合表面，即使间隙再小，也应画两条线。

② 相邻两零件的剖面线倾斜方向应相反，这种情况如图 2-1 中定模锥套 12 与定模板 14。若相邻零件多于两个时，则有的零件的剖面线，应以不同间隔与其相邻的零件相区别。同一零件在各视图上的剖面线画法应一致。

③ 在装配图上作剖视时，当剖切平面通过标准件（如螺母、内六角螺钉、圆柱销等）和实心件（如圆形凸模、顶杆、模柄、型芯等）的基本轴线时，这些零件按不剖绘制，不画剖面线，如图 2-1 中的斜导柱 22、小型芯 17、内六角螺钉 19、导柱 21 和顶杆 23 等都是这种画法。

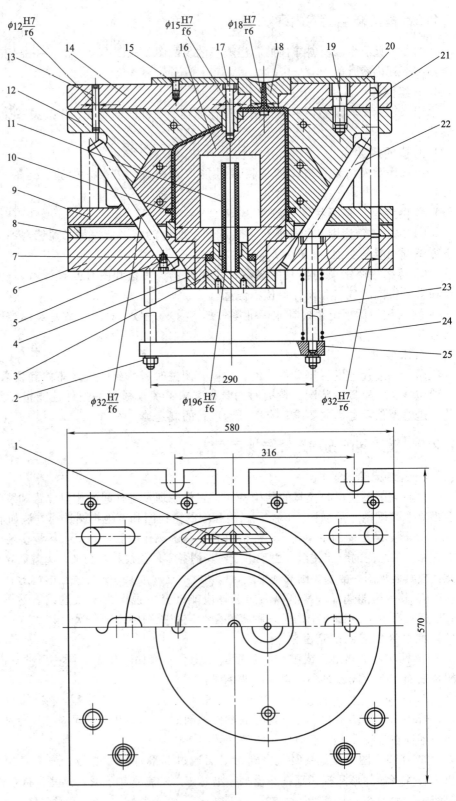

图 2-1　水箱斜导

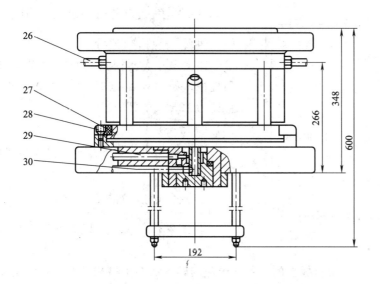

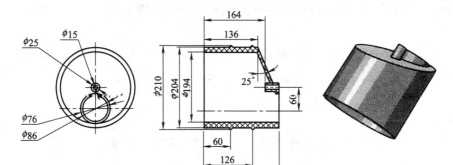

塑件图

材料：聚氯乙烯

说　明

　　该模具因型芯较大，制件整个包在型芯上，所以型芯采用循环水冷却、型腔由定模锥套、对开动模、型芯和小型芯组成。

　　开模时，定模锥套与对开动模分离，此时小型芯板退至一定距离时，注塑机顶杆顶板推动推板，使对开动模沿斜导柱斜向张开，并由推板将制件由型芯上推出，型芯有脱模斜度。

　　推板与型芯因经常相对滑动，所以硬度为50～55HRC，以防研合。合模时靠弹簧推出，对开动模由定模锥套合住。

　　该模用于250g卧式注塑机上。

30	进水嘴	1	15	开槽沉头螺钉	4
29	出水嘴	1	14	定模板	1
28	内六角螺钉	8	13	圆锥销	2
27	压板	2	12	定模锥套	1
26	水嘴	2	11	水管	1
25	顶板	1	10	镶片	1
24	弹簧	4	9	对开动模	2
23	顶杆	4	8	推板	1
22	斜导柱	2	7	密封圈	1
21	导柱	4	6	动模板	1
20	定位圈	1	5	开槽紧定螺钉	2
19	内六角螺钉	4	4	锁母	1
18	浇口套	1	3	水堵	1
17	小型芯	1	2	六角螺钉	4
16	型芯	1	1	销钉	2
序号	名称	数量	序号	名称	数量

柱抽芯注塑模

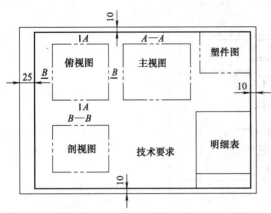

图 2-2　塑料成型模具总装配图的布局

2.2.4　模具装配图上应标注的尺寸

(1) 性能（规格）尺寸

这类尺寸表明模具装配图中零件的性能和规格，如"M12×60"表示长度为60mm、直径为12mm的螺钉。

(2) 装配关系尺寸

这类尺寸表明模具中相关零件之间的装配关系。

① 配合尺寸，如图 2-1 中的"$\phi 15 \frac{H7}{f6}$"等。

② 主要孔距尺寸，如图 2-1 中"290"。

(3) 安装尺寸

塑料成型模具中定模板和动模板上的安装孔位应与塑料成型机械相匹配。标注这类尺寸是为了将该模具安装到塑料成型机上，因而相对于塑料成型机，模具相应零件上加工出相适应直径的孔和两孔中心距，以完成该模具在塑料成型机上的螺栓连接。

(4) 总体尺寸

这类尺寸是指模具总长、总宽、总高的尺寸。它是包装、安装所占用体积、面积的设计所需尺寸，如图 2-1 中的"580"、"570"、"348"以及"600"等尺寸，它反映模具的整体大小。

(5) 其他主要尺寸

这类尺寸是指在设计时经过计算而确定的尺寸，以及主要零件的某些主要结构尺寸等。

2.2.5　模具技术要求的注写

① 当模具装配图或零、部件不能用视图充分表示清楚时，应在技术要求中用文字说明，其位置应在标题栏的上方或左方。

② 技术要求应用阿拉伯数字编写序号，仅一条时，不写序号，若条文太长，则书写换行时应与上行文字取齐。

③ 技术要求的内容应简明扼要，通俗易懂。

塑料模装配图的技术要求一般还包括下面内容：

① 对模具装配工艺的要求，如模具装配后分型面上贴合面的贴合间隙应不大于0.05mm，模具上、下面的平行度要求，并指出由装配决定的尺寸和对该尺寸的要求。

② 对于模具某些系统的性能要求，如对顶出系统、滑块抽芯结构的装配要求。

③ 模具使用、装拆方法。

④ 防氧化处理，模具编号、刻字、标记、油封、保管等的要求。

⑤ 使用要求：模具在使用过程中的注意事项及要求，模具的维护、保养等。

⑥ 装配要求：模具在装配过程中需注意的事项及装配后应达到的要求，如装配间隙、润滑要求、喷防锈剂等。

⑦ 检验要求：对模具基本性能的检验、试验条件和方法、操作要求等。

2.2.6 模具装配图中零件序号及其编排方法

将组成模具的所有零件（包括标准件）进行统一编号。相同的零件编一个序号，一般只标注一次。序号应注写在视图外明显的位置上。序号的注写形式如图 2-3 所示，其注写规定如下。

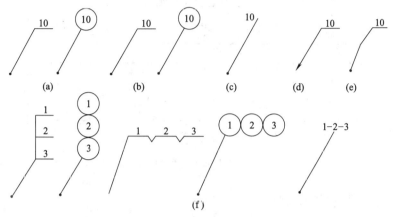

图 2-3 序号注写形式

① 序号的字号应比图上数字尺寸的字号大一号或大两号，如图 2-3（a）、（b）所示。一般从被标注零件的轮廓内用细实线画出指引线，在零件一端画圆点，另一端画水平细实线或细实线圆。

② 直接将序号写在指引线附近，这时序号的字号应比图上尺寸数字的字号大两号，如图 2-3（c）所示。

③ 当指引线所指零件很薄，或是涂黑的剖面而不便画圆点时，则可用箭头代替圆点，箭头直接指在该部件的轮廓线上，如图 2-3（d）所示。

④ 画指引线不要相互交叉，不要与剖面线平行，必要时允许画成一次折线，如图 2-3（e）所示。

⑤ 对于一组零、部件，可按图 2-3（f）所示的形式引注。

⑥ 序号应按顺时针（或逆时针）方向整齐地顺次排列。如在整个图上无法连续时，可只在每个水平或垂直方向顺次排列。

⑦ 在编写序号时，要尽量使各序号之间距离均匀一致。

2.2.7 标题栏和明细栏的填写

标题栏用来填明模具的名称、绘图比例、质量和图号及设计者、校对者、工艺者、审核者、批准者姓名和设计单位等信息。

明细栏一般由序号、代号、名称、数量、材料备注等组成，也可按实际需要增减。

明细栏一般绘制在标题栏上方。明细栏的填写，应按编号顺序自下而上地进行。位置不够时，可在与标题栏毗邻的左侧延续，但应尽可能与右侧对齐。

当装配图中不能在标题栏的上方配置明细栏时，可以作为装配图的续页按 A4 幅面单独给出，称为明细表，其零件及组件的序号应是由下而上延伸。图 2-4 所示为装配图上的标题栏和明细栏格式。

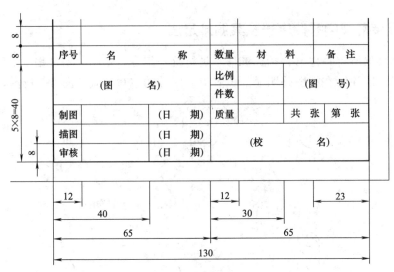

图 2-4　装配图上的标题栏和明细栏格式

2.2.8　模具总装配图的绘制要求

模具图纸由总装配图、零件图两部分组成。要求根据模具结构草图绘制正式装配图。所绘装配图应能清楚地表达各零件之间的相互关系，应有足够说明模具结构的投影图及必要的剖面、剖视图。还应画出工件图，填写零件明细表和提出技术要求等。模具装配图的绘制要求见表 2-1。

表 2-1　模具装配图的绘制要求

项　　目	要　　求
布置图面及选定比例	(1)遵守国家标准的机械制图规定(GB/T 14689—1993) (2)可按照模具设计中习惯或特殊规定的绘制方法作图 (3)手工绘图比例最好为 1:1,直观性好;计算机绘图,其尺寸必须按照机械制图要求缩放
模具设计绘图顺序	(1)主视图:绘制总装图时,先里后外,由上而下,即先绘制产品零件图、型芯、型腔…… (2)俯视图:将模具沿注射方向"打开"定模,沿着注射方向分别从上往下看已打开的定模和动模,绘制俯视图,其俯视图和主视图一一对应画出 (3)模具工作位置的主视图一般应按模具闭合状态画出。绘图时应与计算工作联合进行,画出它的各部分模具零件结构图,并确定模具零件的尺寸。如发现模具不能保证工艺实施,则需更改工艺设计
模具装配图主视图	(1)用主视图和俯视图表示模具结构。主视图上尽可能将模具的所有零件画出,可采用全剖视或阶梯剖视 (2)在剖视图中剖切到型芯等旋转体时,其剖面不画剖面线;有时为了图形结构清晰,非旋转形的型芯也可不画剖面线 (3)绘制的模具要处于闭合状态(塑料模具必须处于闭合状态或接近闭合状态),也可一半处于工作状态,另一半处于非工作状态 (4)俯视图可只绘出动模或定模、动模各半的视图。需要时再绘制侧视图及其他剖视图和部分视图
模具装配图上的工件图	(1)工件图是经模塑成型后所得到的塑件图形,一般画在总图的右上角,并注明材料名称、厚度及必要的尺寸 (2)工件图的比例一般与模具图上的一致,特殊情况可以缩小或放大。工件图的方向应与模塑成型方向一致(即与工件在模具中的位置一致),若特殊情况下不一致时,必须用箭头注明模塑成型方向

项　目	要　求
模具装配图的技术条件	在模具总装配图中,要简要注明对该模具的要求和注意事项、技术条件。技术条件包括力、所选设备型号,模具闭合高度,模具打的印记、模具的装配要求等(参照国家标准,适当地、正确地拟定所设计模具的技术要求和必要的使用说明)
模具装配图上应标注的尺寸、标题栏和明细表	(1)模具闭合尺寸、外形尺寸、特征尺寸(与成型设备配合的定位尺寸)、装配尺寸(安装在成型设备上所用螺钉孔的中心距)、极限尺寸(活动零件移动起止点) (2)编写明细表:标题栏和明细表放在总图右下角,若图面不够,可另立一页,其格式参见图2-4

2.2.9　模具图的习惯画法

模具图中的画法主要按机械制图的国家标准规定,考虑到模具图的特点,允许采用一些习惯画法,见表 2-2。

表 2-2　模具图的习惯画法

项　目	要　求
内六角螺钉和圆柱销的画法	同一规格、尺寸的内六角螺钉和圆柱销,在模具总装配图中的剖视图中可各画一个,引一个件号,当剖视图中不易表达时,也可从俯视图中引出件号。内六角螺钉和圆柱销在俯视图中分别用双圆(螺钉头外径和窝孔)及单圆表示,当剖视位置比较小时,螺钉和圆柱销可各画一半。在总装配图中,螺钉过孔一般情况下要画出
弹簧窝座及圆柱螺旋压缩弹簧的画法	在模具中,习惯采用简化画法画弹簧,用双点画线表示,当弹簧个数较多时,在俯视图中可画一个弹簧,其余只画窝座
直径尺寸大小不同的各组孔的画法	直径尺寸大小不同的各组孔可用涂色、符号、阴影线加以区别

2.3　模具零件图的绘制

任何一套模具,都是由若干零件按着一定的装配关系和技术要求装配而成的。零件图是直接用于生产的,因此必须符合实际,这是零件图的根本属性。

2.3.1　模具零件图的作用

表达模具零件的结构、大小及技术要求的图样称为模具零件图。在模具零件图中,既要反映出设计者的意图,又要表达出模具对零件的要求,同时还要考虑到结构的合理性与制造的可能性。在模具加工的过程中,模具零件加工制造的主要依据就是模具零件图。其具体生产过程是:先根据模具零件图中所要求的材料备料;然后按照模具零件图中的图形、尺寸和其他要求进行加工制造;最后按照技术要求检验加工出的模具零件是否达到规定的质量标准。由此可见,模具零件图是加工制造和检查模具零件质量的重要技术文件。

2.3.2　模具零件图的内容

模具零件图是指导制造模具零件的图样,因此必须符合实际生产的需要。绘制模具零件图时,要根据所画零件的用途考虑其结构设计和尺寸标注是否合理,与相邻零件的关系是否协调，是否便于读图、加工和装配等问题。为保证零件的质量，是否需对零件的尺寸精度、表面性质（如粗糙程度、几何形状及其相互位置的精确程度）等提出严格的指标要求，是否还需对零件进行某些特殊的处理等。

实际生产用的零件图，其具体内容包括以下部分。

① 图形　用一组视图正确、完整、清晰、简便地表达出模具零件各部分的结构形状。

② 尺寸　用一组尺寸正确、完整、清晰、合理地标注出模具零件的结构形状及大小。

③ 技术要求　用一些规定的符号、数字、字母和文字注解简明、准确地给出零件在制造、检验或使用时应达到的各项技术指标。

④ 标题栏　在标题栏中，应写明零件的名称、图号、材料、件数、比例以及设计、制图、审核、工艺等人员的签名和签名时间等内容。

图 2-5～图 2-7 给出了一些生产实际中使用的零件图。

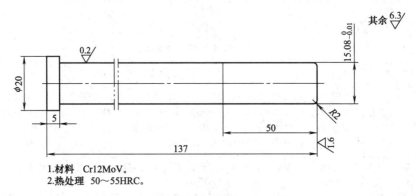

1.材料　Cr12MoV。
2.热处理　50～55HRC。

图 2-5　型芯

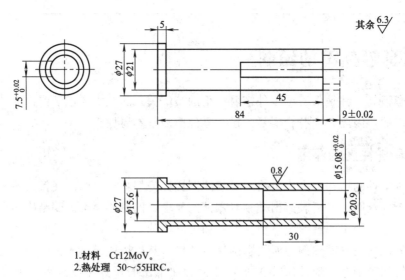

1.材料　Cr12MoV。
2.热处理　50～55HRC。

图 2-6　推管

2.3.3　模具零件图的视图选择

零件图的视图选择，是根据零件的结构形状、加工方法及其在机器中所处位置等因素的综合分析来确定的。

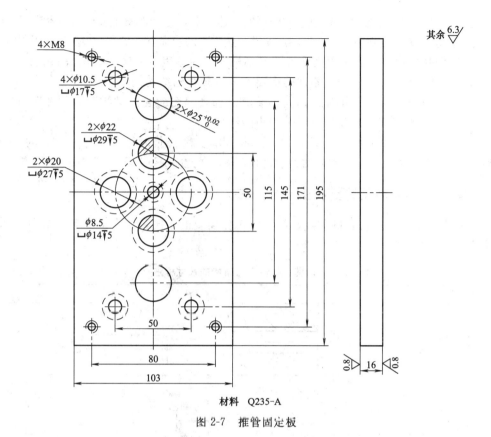

材料 Q235-A

图 2-7 推管固定板

(1) 视图的选择

　　主视图是一组图形的核心，主视图选择得恰当与否将直接影响到其他视图位置和数量的选择，关系到画图、看图是否方便，甚至涉及图纸幅面的合理利用等问题，所以，主视图选择一定要慎重。

　　选择主视图的原则：将表示零件信息量最多的那个视图作为主视图，通常是零件的工作位置或加工位置或安装位置。具体地说，一般应从以下三个方面来考虑。

　　① 表示零件的工作位置或安装位置　主视图应尽量表示零件在机器上的工作位置或安装位置。主视图就是根据它们的工作位置、安装位置并尽量多地反映其形状特征的原则选定的。

　　由于主视图按零件的实际工作位置或安装位置绘制，看图者很容易通过头脑中已有的形象储备将其与整副模具或部件联系起来，同时，也便于与其装配图直接对照（装配图通常按其工作位置或安装位置绘制），以利于看图。

　　② 表示零件的加工位置　主视图应尽量表示零件在机械加工时所处的位置。如轴、套类零件的加工，大部分工序是在车床或磨床上进行的，因此一般将其轴线水平放置画出主视图，这样，在加工时可以直接进行图物对照，既便于看图，又可减少差错。

　　③ 表示零件的结构形状特征　主视图应尽量多地反映零件的结构形状特征。这主要取决于投射方向的选定，能使组成部分的相对位置表现得更清楚的，就作为主视图的投射方向，为看图者提供更大的信息量。

(2) 其他视图数量和表达方法的选择

　　主视图确定后，应运用形体分析法对零件的各组成部分逐一进行分析，对主视图表达未尽的部分，再选其他视图进行补充。

①　所选视图应具有独立存在的意义和明确的表达重点，各个视图所表达的内容应相互配合，彼此互补，注意避免不必要的细节重复。在完整表达零件的前提下，尽量使视图的数量最少。

②　先选用基本视图，后选用其他视图（剖视、断面等表示方法应兼用）；先表达零件的主要部分（较大的结构），后表达零件的次要部分（较小的结构）。

③　零件结构的表达要内外兼顾，大小兼顾。选择视图时要以"物"对"图"，以"图"对"物"，反复盘查，不可遗漏任何一个细小的结构。

总之，选择表达方案的能力，应通过看图、画图的实践，并在积累生产实际知识的基础上逐步提高。初学者选择视图时，应首先致力于表达完整，在此前提下，再力求视图简洁、精练。

2.3.4　常见模具零件工艺结构的尺寸标注

在模具零件中，根据模具的种类、结构、工作需要的不同，还有多种工艺结构，其尺寸标注见表 2-3、表 2-4。

表 2-3　常见模具零件工艺结构的尺寸标注（一）

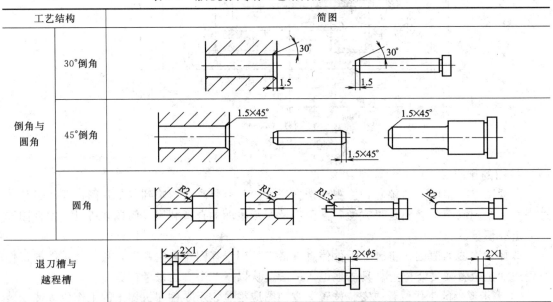

在表 2-4 中，分别列出了同一种结构的旁注法和普通注法。在标注尺寸时，可以根据图形的具体情况及标注尺寸的位置分别选用。

表 2-4　常见模具零件工艺结构的尺寸标注（二）

序号	类型	旁 法 注		普 通 注 法
1	光孔	4×φ4深10	4×φ4深10	4×φ4
2		4×φ4H7深10 孔深12	4×φ4H7深10 孔深12	4×φ4H7

序号	类型	旁 法 注		普通注法
3	螺孔	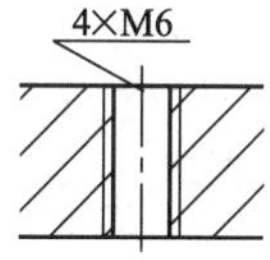 4×M6	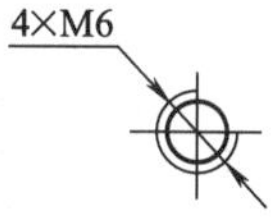 4×M6	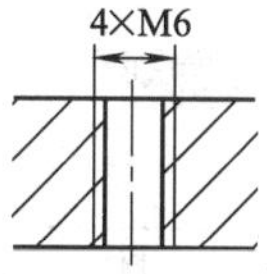 4×M6
4		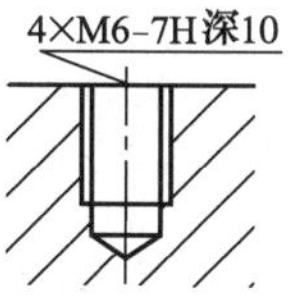 4×M6-7H深10	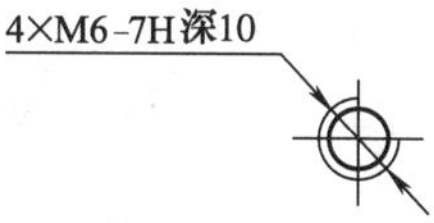 4×M6-7H深10	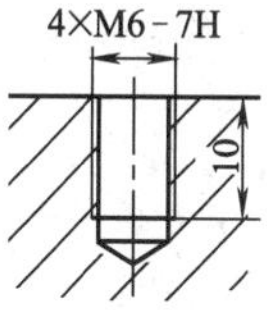 4×M6-7H
5	螺孔	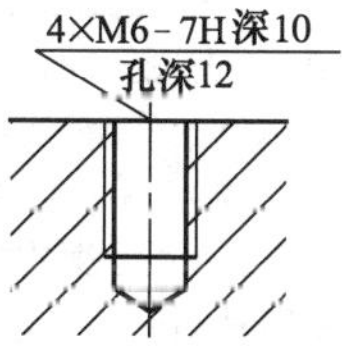 4×M6-7H深10 孔深12	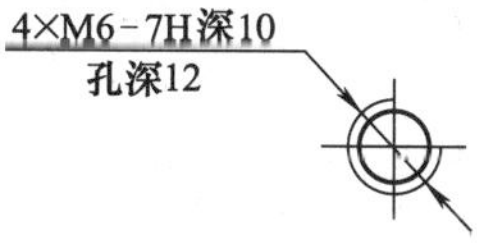 4×M6-7H深10 孔深12	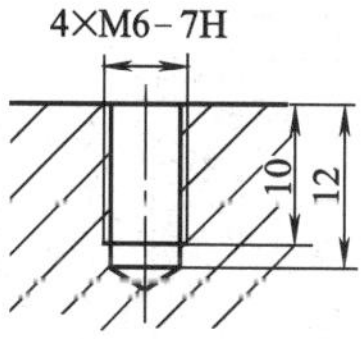 4×M6-7H
6	沉孔	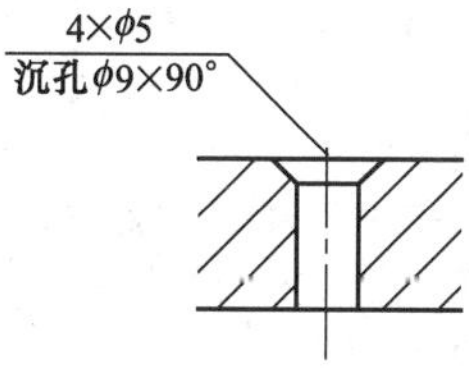 4×φ5 沉孔φ9×90°	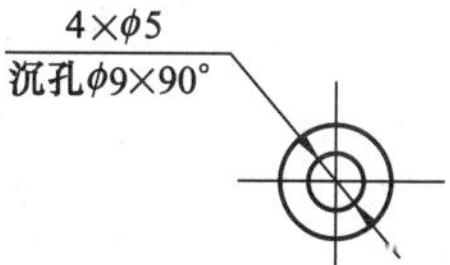 4×φ5 沉孔φ9×90°	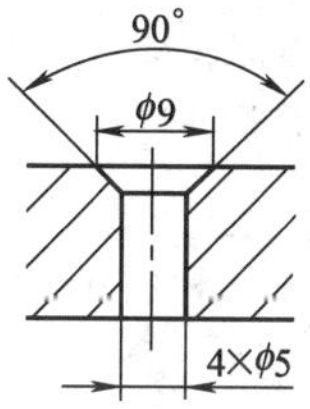 90° φ9 4×φ5
7		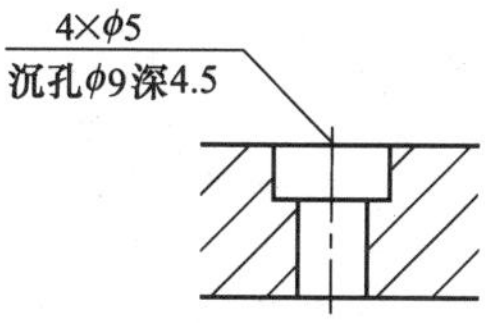 4×φ5 沉孔φ9深4.5	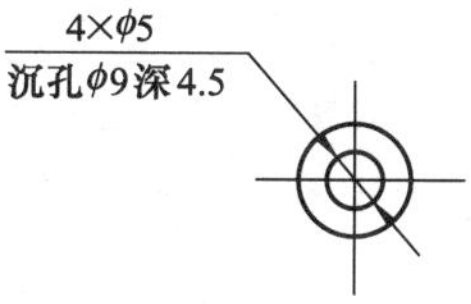 4×φ5 沉孔φ9深4.5	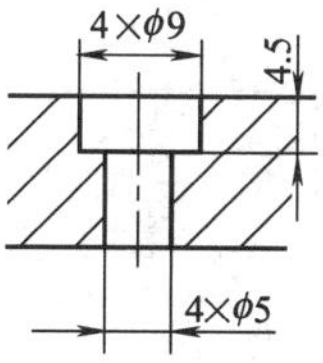 4×φ9 4.5 4×φ5
8		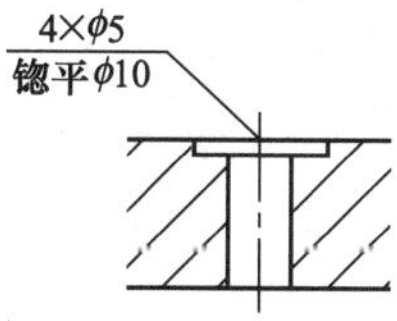 4×φ5 锪平φ10	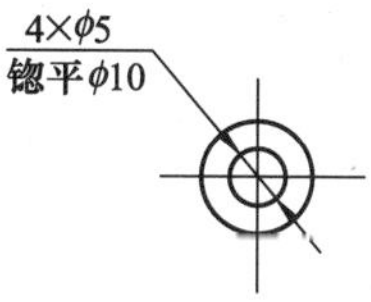 4×φ5 锪平φ10	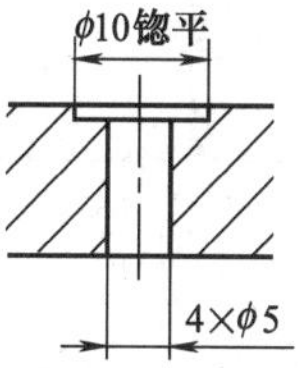 φ10锪平 4×φ5

2.3.5 模具零件图的绘制要求

按照模具的总装配图,拆画模具零件图。模具零件图既要反映出设计意图,又要考虑到制造的可能性及合理性,零件图设计的质量直接影响模具的制造周期及造价。因此,设计出工艺性好的零件图可以减少出废品,方便制造,降低模具成本,提高模具使用寿命。

目前大部分模具零件已标准化,供设计时选用,这对简化模具设计,缩短设计、制造周期,无疑会收到良好效果。在生产中,标准件不需绘制,模具总装配图中的非标准模具零件均需绘制零件图。有些标准零件(如定、动模座)需补加工的地方太多时,也要求画出,并标注加工部位的尺寸公差。非标准模具零件图应标注全部尺寸、公差、表面粗糙度、材料及热处理、技术要求等。

模具零件图是模具零件加工的依据，它应包括零件制造和检验的全部内容，因而设计时必须满足绘制模具零件图的要求，详见表 2-5。

表 2-5　模具零件图的绘制要求

项　　目	要　　求
正确而充分的视图	所选的视图应充分而准确地表示出零件内部、外部的结构形状和尺寸大小。而且视图及剖视图等的数量应为最少
具备制造和检验零件的数据	零件图中的尺寸是制造和检验零件的依据，故应慎重且细致地标注。尺寸既要完备，同时又不重复。在标注尺寸前，应研究零件的加工和检测的工艺过程，正确选定尺寸的基准面，做到设计、加工、检验基准统一，避免基准不重合造成的误差。零件图的方位应尽量按其在总装配图中的方位画出，不要任意旋转和颠倒，以防画错，影响装配
标注加工尺寸公差及表面粗糙度	所有的配合尺寸或精度要求较高的尺寸都应标注公差（包括表面形状及位置公差）。未注尺寸公差按 IT14 级制造。模具的工作零件（如型芯、型腔）的工作部分尺寸按计算值标注 　　模具零件在装配过程中的加工尺寸应标注在装配图上，如必须在零件图上标注时，应在有关尺寸近旁注明"配作"、"装配后加工"等字样或在技术要求中说明 　　因装配需要留有一定的装配余量时，可在零件图上标注出装配链补偿量及装配后所要求的配合尺寸、公差和表面粗糙度等 　　两个相互对称的模具零件，一般应分别绘制图样；如绘在一张图样上，必须标明两个图样代号 　　模具零件的整体加工，分切后成对或成组使用的零件，只要分切后各部分形状相同，则视为一个零件，编一个图样代号，绘在一张图样上，以利于加工和管理 　　模具零件的整体加工，分切后尺寸不同的零件，也可绘在一张图样上，但应用引出线标明不同的代号，并用表格列出代号、数量及质量 　　所有的加工表面都应注明表面粗糙度等级。零件表面粗糙度等级可根据对各个表面的工作要求及精度等级来确定
技术条件	凡是图样或符号不便于表示，而在制造时又必须保证的条件和要求都应注明在技术条件中。技术条件的内容随着不同的零件、不同的要求及不同的加工方法而不同。其中主要应注明： 　　(1)对材质的要求，如热处理方法及热处理表面所应达到的硬度等 　　(2)表面处理、表面涂层以及表面修饰（如锐边倒钝、清砂）等要求 　　(3)未注倒圆半径的说明，个别部位的修饰加工要求 　　(4)其他特殊要求

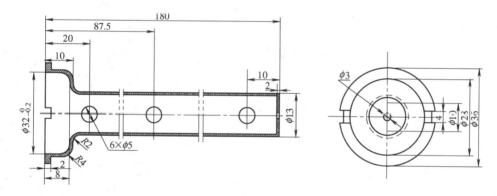

第 **3** 章　课程设计课题汇编❶

3.1　塑料套管

如图 3-1 所示，材料为 PA1010，大批量生产。

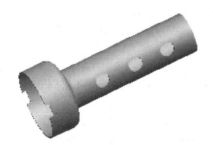

图 3-1　塑料套管

3.2　小模数双联圆柱直齿轮

如图 3-2 所示，材料为聚甲醛，大批量生产。

---

❶ 本章所选的课程设计课题，均出自杨占尧教授主编、化学工业出版社出版的《塑料模具典型结构设计实例》一书，书号为 ISBN：978-7-122-03634-6，为方便进行课程设计，大家可以参考。

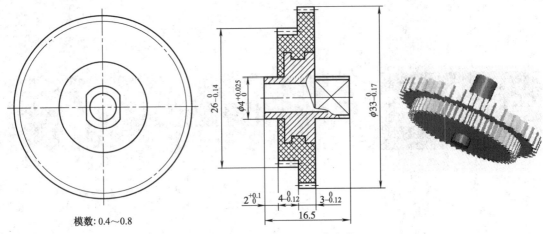

模数：0.4～0.8

图 3-2　小模数双联圆柱直齿轮

3.3　卡尺盒

如图 3-3 所示，材料为 PE，大批量生产，要求用斜定杆进行内侧抽芯。

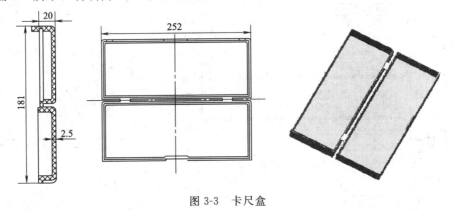

图 3-3　卡尺盒

3.4　透明塑料试管

如图 3-4 所示，材料为透明 PS，大批量生产，要求一模四腔。

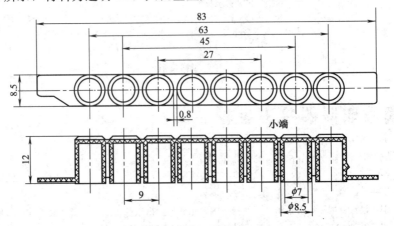

图 3-4

图 3-4　透明塑料试管

3.5　折页盒

如图 3-5 所示，材料为透明 ABS，大批量生产，要求全自动连续生产。

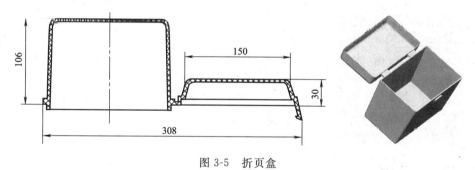

图 3-5　折页盒

3.6　螺纹盖

如图 3-6 所示，材料为透明 PS，小批量生产，要求手工模外脱螺纹。

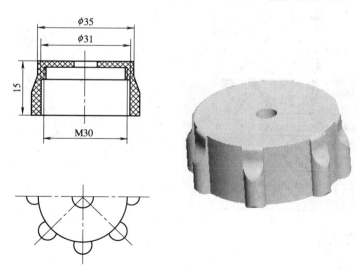

图 3-6　螺纹盖

3.7　斜三通

如图 3-7 所示，材料为透明 UPVC，大批量生产，要求采用斜导柱抽芯机构。

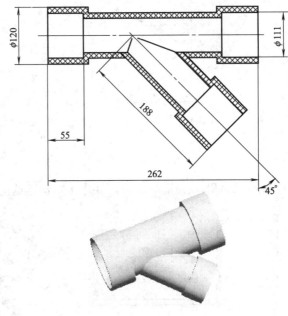

图 3-7　斜三通

3.8　顺水三通

如图 3-8 所示，材料为透明 HPVC，大批量生产，要求采用弧形抽芯机构。

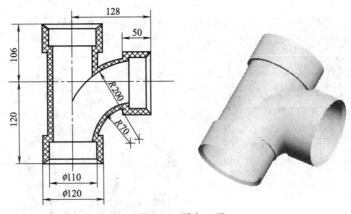

图 3-8　顺水三通

3.9　灭火器壳

如图 3-9 所示，材料为透明 PP1340，大批量生产。

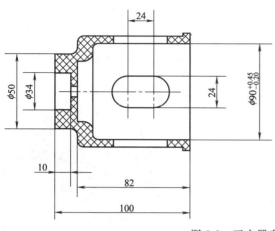

图 3-9　灭火器壳

3.10　锥齿轮

如图 3-10 所示，材料为透明 PC，大批量生产，要求采用二次分型机构。

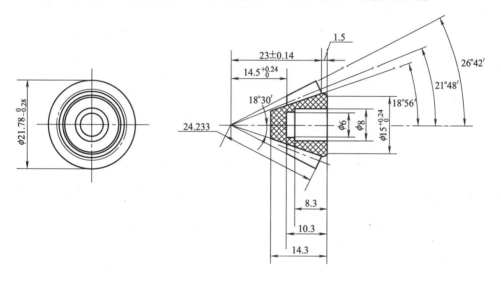

图 3-10　锥齿轮

3.11 螺母

如图 3-11 所示，材料为 ABS，大批量生产，要求采用斜导柱抽芯、自动脱螺纹机构。

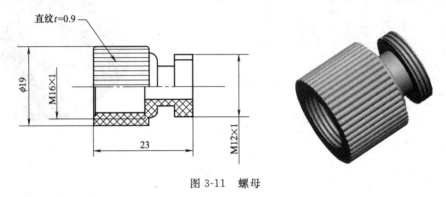

图 3-11 螺母

3.12 刷座

如图 3-12 所示，材料为硬 PEC，大批量生产，要求采用齿轮齿条斜抽芯机构。

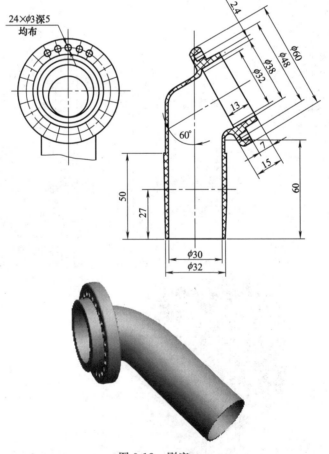

图 3-12 刷座

3. 13 盒盖

如图 3-13 所示，材料为 PE，大批量生产，要求采用斜顶杆抽芯机构。

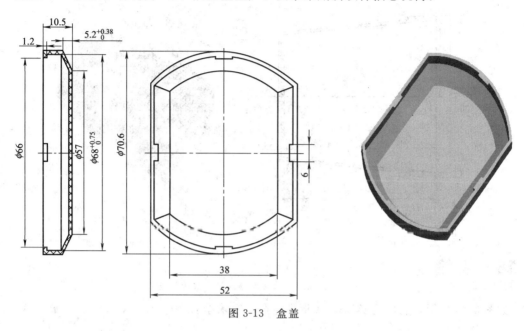

图 3-13 盒盖

3. 14 塑料桶盖

如图 3-14 所示，材料为 PE，大批量生产。

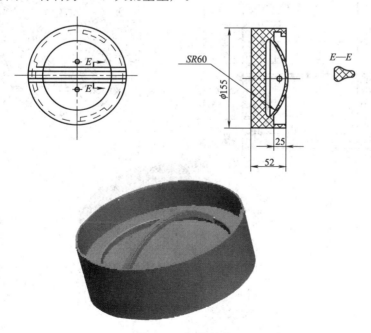

图 3-14 塑料桶盖

3.15 圆盒

如图 3-15 所示，材料为 ABS，大批量生产，要求采用锥面自动定中心机构。

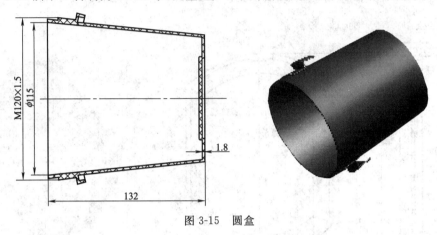

图 3-15 圆盒

3.16 线轮

如图 3-16 所示，材料为 ABS，大批量生产，要求全自动生产。

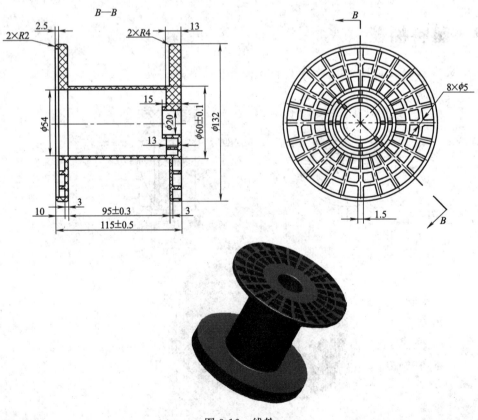

图 3-16 线轮

3.17 导向轮

如图 3-17 所示，材料为 PS，大批量生产，要求采用模外抽芯机构。

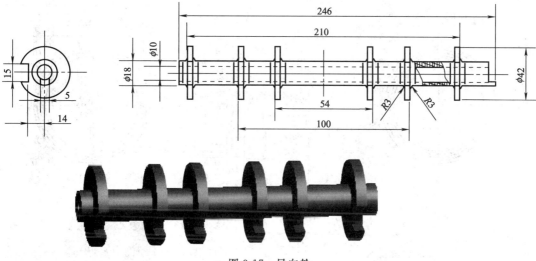

图 3-17 导向轮

3.18 台历架

如图 3-18 所示，材料为 PS，大批量生产，要求采用斜导柱抽芯机构。

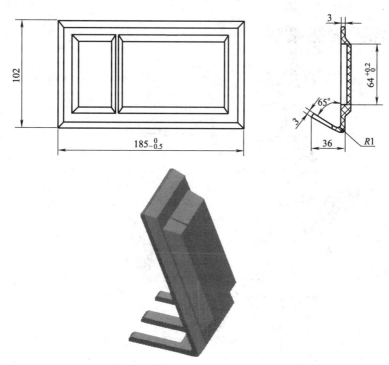

图 3-18 台历架

3.19　电视机按钮

如图 3-19 所示，材料为 ABS，大批量生产。

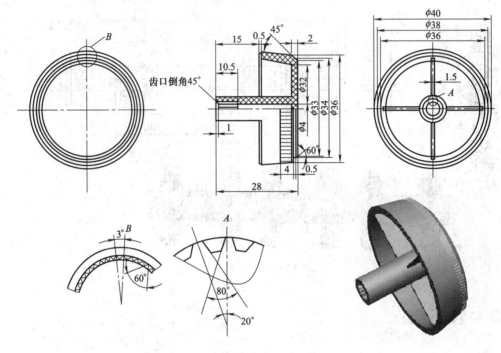

图 3-19　电视机按钮

3.20　泡沫灭火器喷嘴

如图 3-20 所示，材料为 PA1010，大批量生产，要求采用哈夫式机构。

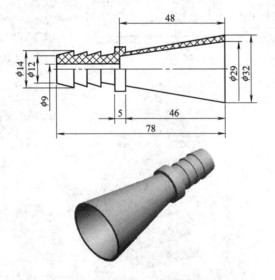

图 3-20　泡沫灭火器喷嘴

3.21 快换接头

如图 3-21 所示，材料为 FRPP，大批量生产。

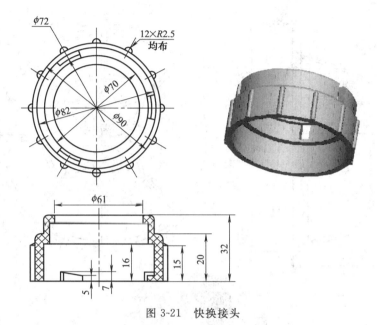

图 3-21 快换接头

3.22 塑料罩

如图 3-22 所示，材料为 PVC，大批量生产。

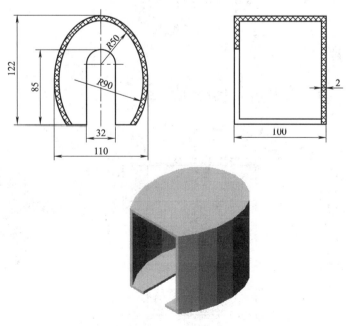

图 3-22 塑料罩

3.23　菜筐

如图 3-23 所示，材料为 PVC，大批量生产。

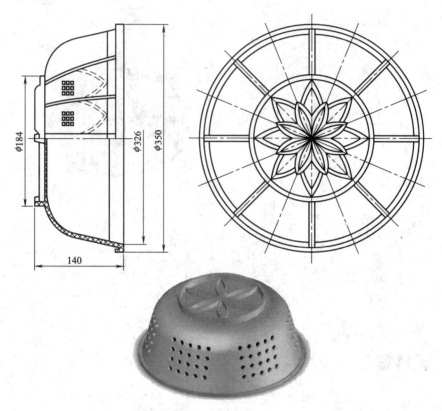

图 3-23　菜筐

3.24　分油套

如图 3-24 所示，材料为 PA66，大批量生产。

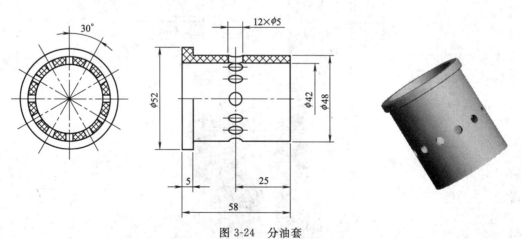

图 3-24　分油套

3.25　油管接头

如图 3-25 所示，材料为 POM，大批量生产，要求采用斜导柱抽芯机构。

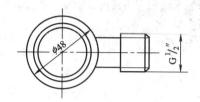

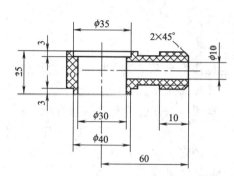

图 3-25　油管接头

第 4 章　塑料模具的国家标准件及其应用

4.1　概述

　　为了采用先进适用技术提高我国模具标准化技术水平，提高我国模具行业标准件的应用覆盖率，缩短模具企业的制造周期与生产成本，提高企业的市场竞争力，由全国模具标准化技术委员会归口，桂林电器科学研究所、龙记集团、浙江亚轮塑料模架有限公司、昆山市中大模架有限公司等修订的 28 项塑料模国家标准已于 2007 年 4 月正式出版发行并于 2007 年 4 月 1 日起实施。新的模具标准适应我国模具技术的发展水平和市场对模具标准的需求，并优先发展市场上急需的模具标准。其中，塑料注射模零件的国家标准号为 GB/T 4169.1～23—2006 和 GB/T 4170—2006。GB/T 4169—2006《塑料注射模零件》分为 23 部分。

　　第 1 部分：塑料注射模零件　推杆

　　第 2 部分：塑料注射模零件　直导套

　　第 3 部分：塑料注射模零件　带头导套

　　第 4 部分：塑料注射模零件　带头导柱

　　第 5 部分：塑料注射模零件　带肩导柱

　　第 6 部分：塑料注射模零件　垫块

　　第 7 部分：塑料注射模零件　推板

　　第 8 部分：塑料注射模零件　模板

　　第 9 部分：塑料注射模零件　限位钉

　　第 10 部分：塑料注射模零件　支承柱

　　第 11 部分：塑料注射模零件　圆形定位元件

　　第 12 部分：塑料注射模零件　推板导套

　　第 13 部分：塑料注射模零件　复位杆

　　第 14 部分：塑料注射模零件　推板导柱

　　第 15 部分：塑料注射模零件　扁推杆

　　第 16 部分：塑料注射模零件　带肩推杆

　　第 17 部分：塑料注射模零件　推管

　　第 18 部分：塑料注射模零件　定位圈

　　第 19 部分：塑料注射模零件　浇口套

　　第 20 部分：塑料注射模零件　拉杆导柱

第 21 部分：塑料注射模零件　矩形定位元件
第 22 部分：塑料注射模零件　圆形拉模扣
第 23 部分：塑料注射模零件　矩形拉模扣

在课程设计时，要尽量采用标准件，要养成尽量采用标准件的良好习惯，以提高设计、制造模具的效率。只有在受到条件限制而无法采用标准件时，才进行非标设计、非标制造。

4.2 推出机构的标准件

4.2.1 推杆 (GB/T 4169.1—2006)

GB/T 4169.1—2006 规定了塑料注射模用推杆的尺寸规格和公差，适用于塑料注射模所用的推杆，标准同时还给出了材料指南和硬度要求，并规定了推杆的标记。

推杆为直杆式，它可改制成拉杆或直接用作复位杆，也可作为推管的芯杆使用等。

（1）推杆的尺寸规格

GB/T 4169.1—2006 规定的标准推杆见表 4-1。

表 4-1　**标准推杆**（摘自 GB/T 4169.1—2006）　　　　mm

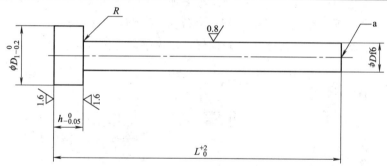

未注表面粗糙度 $R_a=6.3\mu m$

a——端面不允许留有中心孔，棱边不允许倒钝

标记示例：直径 $D=1mm$、长度 $L=80mm$ 的推杆，标记为

推杆　1×80　GB/T 4169.1—2006

D	D_1	h	R	L												
				80	100	125	150	200	250	300	350	400	500	600	700	800
1	4	2	0.3	×	×	×	×	×								
1.2				×	×	×	×	×								
1.5				×	×	×	×	×								
2					×	×	×	×	×	×	×					
2.5	5				×	×	×	×	×	×	×	×				
3	6	3	0.5		×	×	×	×	×	×	×	×	×			
4	8			×	×	×	×	×	×	×	×	×	×	×		
5	10				×	×	×	×	×	×	×	×	×	×		
6	12	5	0.8			×	×	×	×	×	×	×	×	×		
7	12					×	×	×	×	×	×	×	×	×		
8	14					×	×	×	×	×	×	×	×	×	×	
10	16					×	×	×	×	×	×	×	×	×	×	

续表

D	D₁	h	R	80	100	125	150	200	250	300	350	400	500	600	700	800
12	18	7		×	×	×	×	×	×	×	×	×	×	×	×	×
14					×	×	×	×	×	×	×	×	×	×	×	×
16	22		0.8				×	×	×	×	×	×	×	×	×	×
18	24	8					×	×	×	×	×	×	×	×	×	×
20	26						×	×	×	×	×	×	×	×	×	×
25	32	10	1				×	×	×	×	×	×	×	×	×	×

注：1. 材料由制造者选定，推荐采用 4Cr5MoSiV1、3Cr2W8V。

2. 硬度 50～55HRC，其中固定端 30mm 范围内硬度 35～45HRC。

3. 淬火后表面可进行渗氮处理，渗氮层深度为 0.08～0.15mm，心部硬度 40～44HRC，表面硬度≥900HV。

4. 其余应符合 GB/T 4170—2006 的规定。

（2）推杆的固定方法

推杆的固定方法如图 4-1 所示。图 4-1（a）为轴肩垫板连接，是最常用的固定方式。推杆与固定孔间应留一定的间隙，装配时推杆轴线可少许移动，以保证推杆与型芯固定板上的推杆孔之间的同心度，并建议钻孔时采用配加工的方法。图 4-1（b）是采用等厚垫圈垫在顶出固定板与垫板之间，这样可免去在固定板上加工凹坑。图 4-1（c）的特点是推杆高度可以调节，螺母起固定锁紧作用。图 4-1（d）、（f）是采用顶丝和螺钉固定。以上三种固定方法均可省去垫板。图 4-1（e）用于较细的推杆，以铆接的方法固定。

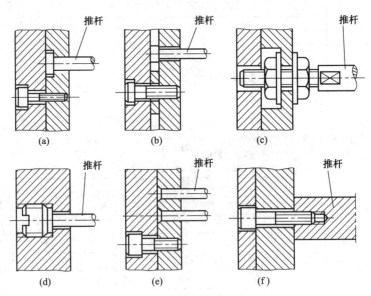

图 4-1　推杆的固定方法

（3）推杆与推杆孔的配合

推杆与推杆孔间为滑动配合，一般选 H8/f8，其配合间隙兼有排气作用，但不应大于所用塑料的排气间隙（视所用塑料的熔融黏度而定），以防漏料。配合长度一般为推杆直径的 2～3 倍。推杆端面应精细抛光，因其已构成型腔的一部分。为了不影响塑件的装配和使用，推杆端面应高出型腔表面 0.1mm。

推杆顶出是应用最广的一种顶出形式，几乎适用于各种形状塑件的脱模。但其顶出力作用面积较小，如设计不当，易发生塑件被顶坏的情况，而且还会在塑件上留下明显的顶出痕迹。

4.2.2 扁推杆（GB/T 4169.15—2006）

GB/T 4169.15—2006 规定了塑料注射模用扁推杆的尺寸规格和公差，适用于塑料注射模所用的扁推杆。标准同时还给出了材料指南和硬度要求，并规定了扁推杆的标记。

GB/T 4169.15—2006 规定的标准扁推杆见表 4-2。

表 4-2 标准扁推杆（摘自 GB/T 4169.15—2006） mm

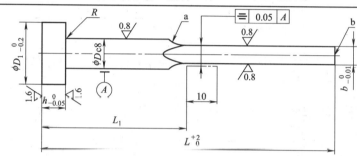

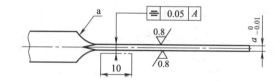

未注表面粗糙度 $R_a = 6.3 \mu m$

a——圆弧半径小于 10mm

b——端面不允许留有中心孔，棱边不允许倒钝

标记示例：厚度 $a = 1mm$、宽度 $b = 4mm$、长度 $L = 80mm$ 的扁推杆，标记为

扁推杆 $1 \times 4 \times 80$ GB/T 4169.15—2006

D	D_1	a	b	h	R	L						
						80	100	125	160	200	250	300
						L_1						
						40	50	63	80	100	125	150
4	8	1	3	3	0.3	×	×	×	×	×		
		1.2	3			×	×	×	×	×		
5	10	1	4			×	×	×	×			
		1.2	4			×	×	×	×	×		
6	12	1.2	5			×	×	×	×	×		
		1.5	5				×	×	×	×	×	
		1.8					×	×	×	×	×	
8	14	1.5	6	5	0.5			×	×	×	×	
		1.8						×	×	×	×	
		2						×	×	×	×	
10	16	1.5	8						×	×	×	×
		1.8							×	×	×	×
		2							×	×	×	×

续表

D	D₁	a	b	h	R	80	100	125	160	200	250	300
						\(L\)						
						\(L_1\)						
						40	50	63	80	100	125	150
12	18	1.5	10	7	0.8					×	×	×
		1.8								×	×	×
		2								×	×	×
16	22	2	14							×	×	×
		2.5								×	×	×

注：1. 材料由制造者选定，推荐采用 4Cr5MoSiV1、3Cr2W8V。

2. 硬度 45～50HRC。

3. 淬火后表面可进行渗碳处理，渗碳层深度为 0.08～0.15mm，心部硬度 40～44HRC，表面硬度≥900HV。

4. 其余应符合 GB/T 4170—2006 的规定。

4.2.3　带肩推杆（GB/T 4169.16—2006）

　　GB/T 4169.16—2006 规定了塑料注射模用带肩推杆的尺寸规格和公差，适用于塑料注射模所用的带肩推杆。标准同时还给出了材料指南和硬度要求，并规定了带肩推杆的标记。

　　GB/T 4169.16—2006 规定的标准带肩推杆见表 4-3。

表 4-3　标准带肩推杆（摘自 GB/T 4169.16—2006）　　　　　　　　mm

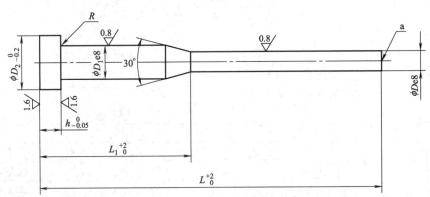

未注表面粗糙度 $R_a = 6.3\mu m$

a——端面不允许留有中心孔，棱边不允许倒钝

标记示例：直径 $D=1mm$、长度 $L=80mm$ 的带肩推杆，标记为

带肩推杆　1×80　GB/T 4169.16—2006

D	D₁	D₂	h	R	80	100	125	150	200	250	300	350	400
					\(L\)								
					\(L_1\)								
					40	50	63	75	100	125	150	175	200
1	2	4	2	0.3	×	×	×	×	×				
1.5					×	×	×	×	×				
2	3	6	3		×	×	×	×	×				
2.5					×	×	×	×	×				
3	4	8				×	×	×	×				

续表

D	D_1	D_2	h	R	L 80 / L_1 40	100 / 50	125 / 63	150 / 75	200 / 100	250 / 125	300 / 150	350 / 175	400 / 200
3.5	8	14	5	0.8			×	×	×	×	×		
4							×	×	×	×	×	×	
4.5	10	16					×	×	×	×	×		
5							×	×	×	×	×	×	
6	12	18	7						×	×	×	×	
8										×	×	×	
10	16	22								×	×	×	×

注：1. 材料由制造者选定，推荐采用 4Cr5MoSiV1、3Cr2W8V。

2. 硬度 45～50HRC。

3. 淬火后表面可进行渗碳处理，渗碳层深度为 0.08－0.15mm，心部硬度 40～44HRC，表面硬度≥900HV。

4. 其余应符合 GB/T 4170—2006 的规定。

生产实践中使用的推杆如图 4-2 所示。

图 4-2　生产实践中使用的推杆

4.2.4　复位杆（GB/T 4169.13—2006）

GB/T 4169.13—2006 规定了塑料注射模用复位杆的尺寸规格和公差，适用于塑料注射模所用的复位杆。标准同时还给出了材料指南和硬度要求，并规定了复位杆的标记。

推杆或推管将塑件推出后，必须返回其原始位置才能合模进行下一次的注射成型。最常用的方法是复位杆回程，这种方法经济、简单，回程动作稳定可靠。其工作过程为：当开模时，推杆向上顶出，复位杆凸出模具的分型面；当模具闭合时，复位杆与定模侧的分型面接触，注射机继续闭合时，则使复位杆随推出机构一同返回原始位置。

GB/T 4169.13—2006 规定的标准复位杆见表 4-4。

4.2.5　推板（GB/T 4169.7—2006）

GB/T 4169.7—2006 规定了塑料注射模用推板的尺寸规格和公差，适用于塑料注射模所用的推板和推杆固定板。标准同时还给出了材料指南和硬度要求，并规定了推板的标记。

推板用于支承推出复位（杆）零件，传递机床推出力，也可用作推杆固定板和热固性塑料压胶模、挤胶模和金属压铸模中的推板。

表4-4　标准复位杆（摘自 GB/T 4169.13—2006）　　　　　　　mm

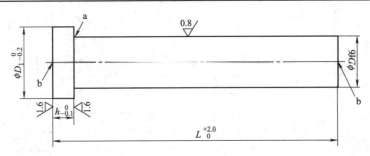

未注表面粗糙度 $R_a = 6.3\mu m$

a——可选砂轮越程槽或 $R = 0.5\sim 1mm$ 的圆角

b——端面允许留有中心孔

标记示例：直径 $D = 10mm$、长度 $L = 100mm$ 的复位杆，标记为

复位杆　10×100　GB/T 4169.13—2006

D	D_1	h	L									
			100	125	150	200	250	300	350	400	500	600
10	15	4	×	×	×	×						
12	17		×	×	×	×	×					
15	20		×	×	×	×	×	×				
20	25			×	×	×	×	×	×	×		
25	30	8			×	×	×	×	×	×	×	
30	35				×	×	×	×	×	×	×	×
35	40					×	×	×	×	×	×	×
40	45	10					×	×	×	×	×	×
50	55						×	×	×	×	×	×

注：1. 材料由制造者选定，推荐采用 T10A、GCr15。

　　2. 硬度 56～60HRC。

　　3. 其余应符合 GB/T 4170—2006 的规定。

　　推板的宽度，是由板面所能利用的最大投影面积，布置推杆的位置（考虑到采用卸料板顶出时，过渡推杆的位置）和保证与垫块有一定活动间隙的情况下决定的，标准中宽度（W）的范围为 90～790mm。

　　标准中规定，一种宽度（W）有 2 挡或 3 挡厚度值（H），可以按使用要求，选用推板和推杆固定板相同厚度，也可选用不同厚度进行组合，但选用的推板厚度（H）一般大于推杆固定板的厚度。

(1) 推板的尺寸规格

　　GB/T 4169.7—2006 规定的标准推板见表4-5。

(2) 推板的应用

　　推板脱模机构不需要回程杆复位。推板应由模具的导柱导向机构导向定位，以防止推板孔与型芯间的过度磨损和偏移。为防止推杆与推板分离，推板滑出导柱，推杆与推板用螺纹连接，见图4-3（a）。应注意，该种结构在合模时，顶出板与模具底脚之间应留 2～3mm 的间隙。当导柱足够长时，推杆与推板也可不连接，见图4-3（b）。对于有多个圆柱型芯相配的推板，大多镶上淬火套与型芯相配，便于加工和调换。图4-3（c）的结构适用于两侧具有顶出杆的塑料注射机，模具结构可简化，但推板要增大并加厚。

表 4-5　标准推板（摘自 GB/T 4169.7—2006）　　　　　　mm

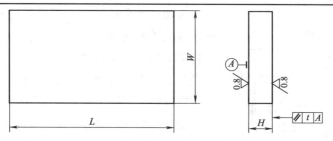

未注表面粗糙度 $R_a = 6.3\mu\mathrm{m}$

全部棱边倒角 2mm×45°

标记示例：宽度 $W=90$mm、长度 $L=150$mm、厚度 $H=13$mm 的推板,标记为

推板　90×150×13　GB/T 4169.7—2006

W	L							H							
								13	15	20	25	30	40	50	60
90	150	180	200	230	250			×	×						
110	180	200	230	250	300	350			×	×					
120	200	230	250	300	350	400			×	×	×				
140	230	250	270	300	350	400			×	×	×				
150	250	270	300	350	400	450	500		×	×	×				
160	270	300	350	400	450	500			×	×	×				
180	300	350	400	450	500	550	600			×	×	×			
220	350	400	450	500	550	600				×	×	×			
260	400	450	500	550	600	700					×	×	×		
290	450	500	550	600	700						×	×	×		
320	500	550	600	700	800						×	×	×	×	
340	550	600	700	800	900						×	×	×	×	
390	600	700	800	900	1000						×	×	×	×	
400	650	700	800	900	1000						×	×	×	×	
450	700	800	900	1000	1250						×	×	×	×	
510	800	900	1000	1250								×	×	×	×
560	900	1000	1250	1600								×	×	×	×
620	1000	1250	1600									×	×	×	×
790	1250	1600	2000									×	×	×	×

注：1. 材料由制造者选定，推荐采用 45 钢。

2. 硬度 28～32HRC。

3. 标注的形位公差应符合 GB/T 1184—1996 的规定，t 为 6 级精度。

4. 其余应符合 GB/T 4170—2006 的规定。

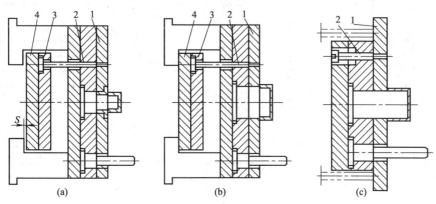

图 4-3　推板脱模机构

1—推板；2—顶杆；3—顶杆固定板；4—顶出板

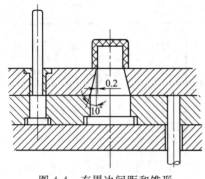

图 4-4　有周边间距和锥形
配合面的推板

推板与型芯之间要有高精度的间隙、均匀的动配合。要使推板灵活脱模和回复，又不能有塑料熔体溢料，最大单向间隙应限制在 0.05mm 以下。对低黏度的如 PA 等，不超过 0.01mm。为防止过度磨损和咬合发生，推板孔与型芯应做淬火处理。推板脱模的分型面应尽可能为简单无曲折的平面。

在一些场合，如图 4-4 所示，在推板与型芯间留有单边 0.2mm 左右的间距，避免两者之间接触。又有锥形配合面起辅助定位作用，可防止推板孔偏心而引起溢料，其斜度为 10° 左右。

4.2.6　推管（GB/T 4169.17—2006）

GB/T 4169.17—2006 规定了塑料注射模用推管的尺寸规格和公差，适用于塑料注射模所用的推管。标准同时还给出了材料指南和硬度要求，并规定了推管的标记。

（1）推管的尺寸规格

GB/T 4169.17—2006 规定的标准推管见表 4-6。

表 4-6　标准推管（摘自 GB/T 4169.17—2006）　　　　　　　　　　mm

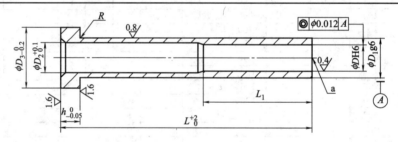

未注表面粗糙度 $R_a = 6.3\mu m$
未注倒角 1mm×45°
a——端面棱边不允许倒钝
标记示例：直径 $D = 2mm$、长度 $L = 80mm$ 的推管，标记为
推管　2×80　GB/T 4169.17—2006

D	D_1	D_2	D_3	h	R	L_1	L						
							80	100	125	150	175	200	250
2	4	2.5	8	3	0.3	35	×	×	×				
2.5	5	3	10				×	×	×				
3	5	3.5					×	×	×	×			
4	6	4.5	12	5	0.5	45	×	×	×	×	×	×	
5	8	5.5	14				×	×	×	×	×	×	
6	10	6.5	16					×	×	×	×	×	×
8	12	8.5	20	7	0.8			×	×	×	×	×	×
10	14	10.5	22					×	×	×	×	×	×
12	16	12.5	22						×	×	×	×	×

注：1. 材料由制造者选定，推荐采用 4Cr5MoSiV1、3Cr2W8V。

　　2. 硬度 45～50HRC。

　　3. 淬火后表面可进行渗碳处理，渗碳层深度为 0.08～0.15mm，心部硬度 40～44HRC，表面硬度≥900HV。

　　4. 其余应符合 GB/T 4170—2006 的规定。

（2）推管的应用

推管脱模常用于圆筒状塑件推出。它提供了均匀脱模力，用于一模多腔成型更为有利。将型腔和型芯均设计在动模，可保证制件孔与其外圆的同心度。对于台阶筒体和锥形筒体，如图 4-5（a）、（b）所示，只能用推管脱模。

要求推管内外表面都能顺利滑动。其滑动长度的淬火硬度为 50HRC 左右，且等于脱模行程与配合长度之和，再加上 5～6mm 的余量。非配合长度均应用 0.5～1mm 的双面间隙。

推管在推出位置与型芯应有 8～10mm 的配合长度，推管壁厚应在 1.5mm 以上。必要时采用阶梯推管，见图 4-5（a）。

推管脱模机构有以下三种形式。

① 长型芯　型芯紧固在模具底板上，见图 4-5（a）。结构可靠，但底板加厚，型芯延长，只用于脱模行程不大的场合。

② 中长型芯　推管用推杆推拉，见图 4-5（b）。该结构的型芯和推管可较短些，但动模板因容纳脱模行程而增厚。

③ 短型芯　见图 4-5（c），这种结构使用较多。为避免型芯固定凸肩与运动推管相干涉，型芯凸肩须有缺口，或用键固定，致使型芯固定不可靠，且推管必须开窗，或剖切成 2～3 个脚，致使推管被削弱，制造亦困难。

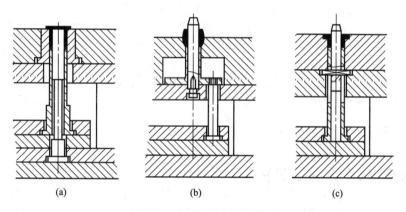

(a)　　　　(b)　　　　(c)

图 4-5　推管脱模的结构类型

生产实践中使用的推管如图 4-6 所示。

图 4-6　生产实践中使用的推管

4.2.7　限位钉（GB/T 4169.9—2006）

GB/T 4169.9—2006 规定了塑料注射模用限位钉的尺寸规格和公差，适用于塑料注射模所用的限位钉。标准同时还给出了材料指南和硬度要求，并规定了限位钉的标记。限位钉是用于支承推出机构，并用以调节推出距离，防止推出机构复位时受异物阻碍的零件。

GB/T 4169.9—2006 规定的标准限位钉见表 4-7。

表 4-7 标准限位钉（摘自 GB/T 4169.9—2006） mm

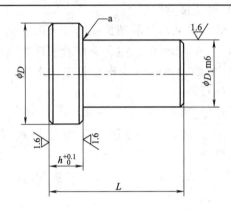

未注表面粗糙度 $R_a = 6.3 \mu m$

未注倒角 $1mm \times 45°$

a——可选砂轮越程槽或 $R = 0.5 \sim 1mm$ 的圆角

标记示例：直径 $D = 16mm$ 的限位钉，标记为

限位钉 16 GB/T 4169.9—2006

D	D_1	h	L
16	8	5	16
20	16	10	25

注：1. 材料由制造者选定，推荐采用 45 钢。

2. 硬度 40~45HRC。

3. 其余应符合 GB/T 4170—2006 的规定。

4.3 导向机构的标准件

导向机构的主要功能是保证动、定模部分能够准确对合。使加工在动模和定模上的成型表面在模具闭合后形成形状和尺寸准确的腔体，从而保证塑件形状、壁厚和尺寸的准确。同时，导向机构还可以对推出机构的运动和二次分型机构进行导向。

4.3.1 直导套（GB/T 4169.2—2006）

GB/T 4169.2—2006 规定了塑料注射模用直导套的尺寸规格和公差，适用于塑料注射模所用的直导套。标准同时还给出了材料指南和硬度要求，并规定了直导套的标记。

直导套主要使用于厚模板中，可缩短模板的镗孔深度，在浮动模板中使用较多。直导套内孔的直径系列与导柱直径相同，标准中规定的直径范围 $d = 12 \sim 100mm$。其长度的名义尺寸与模板厚度相同，实际尺寸比模板薄 1mm。

（1）直导套的尺寸规格

GB/T 4169.2—2006 规定的标准直导套见表 4-8。

（2）安装方法

直导套安装时模板上与之配合的孔径公差按 H7 确定。直导套长度取决于含直导套的模板

表 4-8　标准直导套（摘自 GB/T 4169.2—2006）　　　　　mm

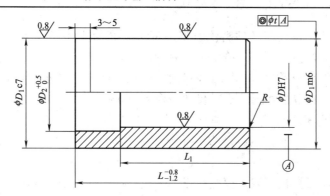

未注表面粗糙度 $R_a = 3.2\mu m$

未注倒角 $1mm \times 45°$

标记示例：直径 $D=12mm$、长度 $L=15mm$ 的直导套，标记为

直导套　12×15　GB/T 4169.2—2006

D	12	16	20	25	30	35	40	50	60	70	80	90	100
D_1	18	25	30	35	42	48	55	70	80	90	105	115	125
D_2	13	17	21	26	31	36	41	51	61	71	81	91	101
R	1.5~2	3~4				5~6				7~8			
$L_1$①	24	32	40	50	60	70	80	100	120	140	160	180	200
L	15	20	20	25	30	35	40	40	50	60	70	80	80
	20	25	25	30	35	40	50	50	60	70	80	100	100
	25	30	30	40	40	50	60	60	80	80	100	120	150
	30	40	40	50	50	60	80	80	100	100	120	150	200
	35	50	50	60	60	80	100	100	120	120	150	200	
	40	60	60	80	80	100	120	120	150	150	200		

① 当 $L_1 > L$ 时，取 $L_1 = L$。

注：1. 材料由制造者选定，推荐采用 T10A、GCr15、20Cr。

2. 硬度 52~56HRC。20Cr 渗碳 0.5~0.8mm，硬度 56~60HRC。

3. 标注的形位公差应符合 GB/T 1184—1996 的规定，t 为 6 级精度。

4. 其余应符合 GB/T 4170—2006 的规定。

厚度，其余尺寸随直导套导向孔直径而定。直导套用于模板后面不带垫板的结构，可以采用如下几种方法固定到模板中（图 4-7）。

① 直导套外圆柱面加工出 · 凹槽，用螺钉固定。

② 直导套外圆柱面局部磨出一小平面，用螺钉固定。

③ 直导套侧向开一小孔，用螺钉固定。

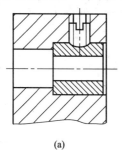
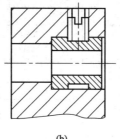
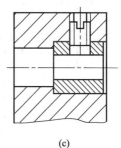

(a)　　　　　　　　　　(b)　　　　　　　　　　(c)

图 4-7　直导套安装方法

4.3.2　带头导套（GB/T 4169.3—2006）

　　GB/T 4169.3—2006 规定了塑料注射模用带头导套的尺寸规格和公差，适用于塑料注射模所用的带头导套。标准同时还给出了材料指南和硬度要求，并规定了带头导套的标记。

　　带头导套内孔的直径系列与导柱直径相同，标准中规定的直径范围 $d=12\sim100\text{mm}$。其长度的名义尺寸与模板厚度相同，实际尺寸比模板薄 1mm。

（1）带头导套的尺寸规格

　　GB/T 4169.3—2006 规定的标准带头导套见表 4-9。

（2）安装方法

　　带头导套安装需要垫板，装入模板后复以垫板即可，导套安装时模板上与之配合的孔径公差按 H7 确定，安装沉孔视带头导套直径可取为 $D_2+(1\sim2)$ mm。带头导套长度取决于含带头导套的模板厚度，其余尺寸随带头导套导向孔直径而定。

表 4-9　**标准带头导套**（摘自 GB/T 4169.3—2006）　　　　　　　　mm

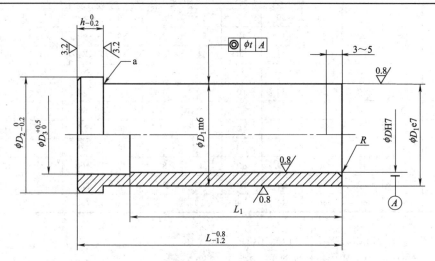

未注表面粗糙度 $R_a=6.3\mu\text{m}$

未注倒角 1mm×45°

a——可选砂轮越程槽或 $R=0.5\sim1$mm 的圆角

标记示例：直径 $D=12$mm、长 $L=20$mm 的带头导套，标记为

带头导套　12×20　GB/T 4169.3—2006

D		12	16	20	25	30	35	40	50	60	70	80	90	100
D_1		18	25	30	35	42	48	55	70	80	90	105	115	125
D_2		22	30	35	40	47	54	61	76	86	96	111	121	131
D_3		13	17	21	26	31	36	41	51	61	71	81	91	101
h		5	6	8			10		12		15		20	
R		1.5~2	3~4			5~6			7~8					
$L_1$①		24	32	40	50	60	70	80	100	120	140	160	180	200
L	20	×	×	×										
	25	×	×	×	×	×								
	30	×	×	×	×	×								
	35	×	×	×	×	×	×							
	40	×	×	×	×	×	×	×						

续表

	45	×	×	×	×	×	×	×					
	50	×	×	×	×	×	×	×	×				
	60		×	×	×	×	×	×	×				
	70			×	×	×	×	×	×	×	×		
	80			×	×	×	×	×	×	×	×	×	
	90				×	×	×	×	×	×	×	×	×
	100				×	×	×	×	×	×	×	×	×
L	110					×	×	×	×	×	×	×	×
	120					×	×	×	×	×	×	×	×
	130						×	×	×	×	×	×	×
	140						×	×	×	×	×	×	×
	150							×	×	×	×	×	×
	160							×	×	×	×	×	×
	180								×	×	×	×	×
	200								×	×	×	×	×

① 当 $l_1 > l$ 时，取 $l_1 = l$。

注：1. 材料由制造者选定，推荐采用 T10A、GCr15、20Cr。

2. 硬度 52～56HRC。20Cr 渗碳 0.5～0.8mm，硬度 56～60HRC。

3. 标注的形位公差应符合 GB/T 1184—1996 的规定，t 为 6 级精度。

4. 其余应符合 GB/T 4170—2006 的规定。

生产实践中使用的导套如图 4-8 所示。

图 4-8　生产实践中使用的导套

4.3.3　带头导柱（GB/T 4169.4—2006）

GB/T 4169.4—2006 规定了塑料注射模用带头导柱的尺寸规格和公差，适用于塑料注射模所用的带头导柱，可兼作推板导柱。标准同时还给出了材料指南和硬度要求，并规定了带头导柱的标记。

带头导柱的功能为：与导套配合使用，使模具在工作时的开模和闭合时，起导向作用，使定模和动模相对处于正确位置，同时承受由于在塑料注射时塑料注射机运动误差所引起的侧压力，以保证塑件精度。

　　带头导柱的常用结构分为两段，近头段为在模板中的安装段，标准采用 H7/m6 配合；另一段为滑动部分，其与导套的配合为 H7/f6。

（1）带头导柱的尺寸规格

　　GB/T 4169.4—2006 规定的标准带头导柱见表 4-10。

表 4-10　标准带头导柱（摘自 GB/T 4169.4—2006）　　　　　　　　　　mm

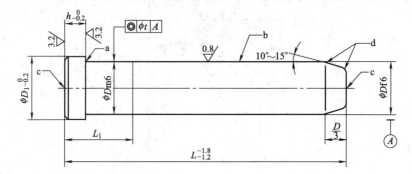

未注表面粗糙度 $R_a = 6.3\mu m$

未注倒角 $1mm \times 45°$

a——可选砂轮越程槽或 $R = 0.5 \sim 1mm$ 的圆角

b——允许开油槽

c——允许保留两端的中心孔

d——圆弧连接，$R = 2 \sim 5mm$

标记示例：直径 $D = 12mm$、长度 $L = 50mm$、与模板配合长度 $L_1 = 20mm$ 的带头导柱，标记为

带头导柱　$12 \times 50 \times 20$　GB/T 4169.4—2006

D		12	16	20	25	30	35	40	50	60	70	80	90	100
D_1		17	21	25	30	35	40	45	56	66	76	86	96	106
h		5	6			8		10	12	15		20		
L	50	×	×	×	×									
	60	×	×	×	×	×								
	70	×	×	×	×	×	×	×						
	80	×	×	×	×	×	×	×						
	90	×	×	×	×	×	×	×						
	100	×	×	×	×	×	×	×	×	×				
	110	×	×	×	×	×	×	×	×	×				
	120	×	×	×	×	×	×	×	×	×	×			
	130	×	×	×	×	×	×	×	×	×	×			
	140	×	×	×	×	×	×	×	×	×	×			
	150		×	×	×	×	×	×	×	×	×			
	160		×	×	×	×	×	×	×	×	×			
	180			×	×	×	×	×	×	×	×			
	200			×	×	×	×	×	×	×	×			
	220					×	×	×	×	×	×	×	×	×
	250					×	×	×	×	×	×	×	×	×
	280						×	×	×	×	×	×	×	×
	300					×	×	×	×	×	×	×	×	×
	320							×	×	×	×	×	×	×

续表

L														
350						×	×	×	×	×	×	×	×
380							×	×	×	×	×	×	×
400								×	×	×	×	×	×
450									×	×	×	×	×
500									×	×	×	×	×
550										×	×	×	×
600										×	×	×	×
650											×	×	×
700											×	×	×
750												×	×
800											×	×	×
L_1	20,25,30,35,40,45,50,60,70,80,100,110,120,130,140,160,180,200													

注：1. 材料由制造者选定，推荐采用 T10A、GCr15、20Cr。

2. 硬度 56～60HRC。20Cr 渗碳 0.5～0.8mm，硬度 56～60HRC。

3. 标注的形位公差应符合 GB/T 1184—1996 的规定，t 为 6 级精度。

4. 其余应符合 GB/T 4170—2006 的规定。

（2）带头导柱尺寸的安装

导柱可以安装在动模一侧，也可以安装在定模一侧，但更多的是安装在动模一侧。因为作为成型零件的主型芯多装在动模一侧，导柱与主型芯安装在同一侧，在合模时可起保护作用。

导柱安装时模板上与之配合的孔径公差按 H7 确定，安装沉孔直径视导柱直径可取 $D_1 + (1 \sim 2)$mm。

导柱长度尺寸应能保证位于动、定模两侧的型腔和型芯开始闭合前导柱已经进入导孔的长度不小于导柱直径，如图 4-9 所示。

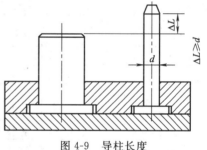

图 4-9　导柱长度

4.3.4　带肩导柱（GB/T 4169.5—2006）

GB/T 4169.5—2006 规定了塑料注射模用带肩导柱的尺寸规格和公差，适用于塑料注射模所用的带肩导柱。标准同时还给出了材料指南和硬度要求，并规定了带肩导柱的标记。

带肩导柱的功能与带头导柱的功能相同，在工作时的开模和闭合时，起导向作用，以保证塑件精度。带头导柱用于塑件生产批量不大的模具，可以不用导套。带肩导柱用于塑件中、大批量生产的精密模具，或导向精度要求高，必须采用导套的模具。

带肩导柱分为三段。近头段为在模板中的安装段，标准采用 H7/m6 配合；远头段为滑动部分，其与导套的配合为 H7/f6。

（1）带肩导柱的尺寸规格

GB/T 4169.5—2006 规定的标准带肩导柱见表 4-11。

（2）带肩导柱尺寸的安装

带头导柱和带肩导柱的前端都设计为锥形，便于导向。两种导柱都可以在工作部分带有储油槽。带储油槽的导柱可以储存润滑油，延长润滑时间。

表 4-11　标准带肩导柱（摘自 GB/T 4169.5—2006）　　　　　　　mm

未注表面粗糙度 $R_a = 6.3\mu m$

未注倒角 $1mm \times 45°$

a——可选砂轮越程槽或 $R = 0.5 \sim 1mm$ 的圆角

b——允许开油槽

c——允许保留两端的中心孔

d——圆弧连接，$R = 2 \sim 5mm$

标记示例：直径 $D = 16mm$、长度 $L = 50mm$、与模板配合长度 $L_1 = 20mm$ 的带肩导柱，标记为

带肩导柱　$16 \times 50 \times 20$　GB/T 4169.5—2006

D		12	16	20	25	30	35	40	50	60	70	80
D_1		18	25	30	35	42	48	55	70	80	90	105
D_2		22	30	35	40	47	54	61	76	86	96	111
h		5	6	8			10		12	15		
L	50	×	×	×	×	×						
	60	×	×	×	×	×						
	70	×	×	×	×	×	×	×				
	80	×	×	×	×	×	×	×				
	90	×	×	×	×	×	×	×				
	100	×	×	×	×	×	×	×	×	×	×	
	110	×	×	×	×	×	×	×	×	×	×	
	120	×	×	×	×	×	×	×	×	×	×	
	130	×	×	×	×	×	×	×	×	×	×	
	140	×	×	×	×	×	×	×	×	×	×	
	150		×	×	×	×	×	×	×	×	×	×
	160		×	×	×	×	×	×	×	×	×	×
	180			×	×	×	×	×	×	×	×	×
	200			×	×	×	×	×	×	×	×	×
	220				×	×	×	×	×	×	×	×
	250				×	×	×	×	×	×	×	×
	280					×	×	×	×	×	×	×
	300					×	×	×	×	×	×	×
	320							×	×	×	×	×
	350							×	×	×	×	×
	380								×	×	×	×

续表

	400					×	×	×	×	×	
	450						×	×	×	×	
	500						×	×	×	×	
L	550						×	×	×	×	
	600						×	×	×	×	
	650						×	×	×	×	
	700							×	×	×	
L_1	20、25、30、35、40、45、50、60、70、80、100、110、120、130、140、150、160、180、200										

注：1. 材料由制造者选定，推荐采用 T10A、GCr15、20Cr。

2. 硬度 56～60HRC。20Cr 渗碳 0.5～0.8mm，硬度 56～60HRC。

3. 标注的形位公差应符合 GB/T 1184—1996 的规定，t 为 6 级精度。

4. 其余应符合 GB/T 4170—2006 的规定。

　　带肩导柱与装在模具另一侧的导套安装孔可以和导柱安装孔采用同一尺寸，一次加工而成，保证了严格的同轴，如图 4-10 所示。带肩导柱的另一优点是当导柱工作部分因某种原因挠曲时，容易从模板中卸下更换，带头导柱则比较困难。

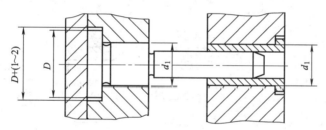

图 4-10　带肩导柱与导套的安装尺寸一致

（3）导柱尺寸的确定

　　导柱直径尺寸随模具分型面处模板外形尺寸而定，模板尺寸愈大，导柱间的中心距应愈大，所选导柱直径也应愈大。除了导柱长度按模具具体结构确定外，导柱其余尺寸随导柱直径而定。表 4-12 列出导柱直径推荐尺寸与模板外形尺寸关系数据。

表 4-12　导柱直径 D 与模板外形尺寸关系　　　　　　　mm

模板外形尺寸	≤150	>150～200	>200～250	>250～300	>300～400
导柱直径 D	≤16	16～18	18～20	20～25	25～30
模板外形尺寸	>400～500	>500～600	>600～800	>800～1000	>1000
导柱直径 D	30～35	35～40	40～50	50～60	≥60

　　生产实践中使用的导柱如图 4-11 所示。

4.3.5　推板导套（GB/T 4169.12—2006）

　　GB/T 4169.12—2006 规定了塑料注射模用推板导套的尺寸规格和公差，适用于塑料注射模所用的推板导套。标准同时还给出了材料指南和硬度要求，并规定了推板导套的标记。

　　GB/T 4169.12—2006 规定的标准推板导套见表 4-13。

图 4-11　生产实践中使用的导柱

表 4-13　标准推板导套（摘自 GB/T 4169.12—2006）　　　　　　　mm

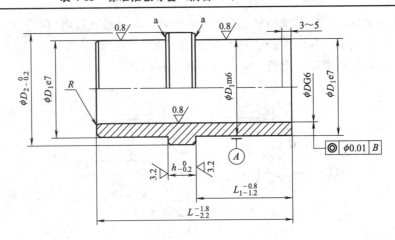

未注表面粗糙度 $R_a=6.3\mu m$

未注倒角 $1mm\times45°$

a——可选砂轮越程槽或 $R=0.5\sim1mm$ 的圆角

标记示例：直径 $D=20mm$ 的推板导套，标记为

推板导套　20　GB/T 4169.12—2006

D	12	16	20	25	30	35	40	50
D_1	18	25	30	35	42	48	55	70
D_2	22	30	35	40	47	54	61	76
h	4				6			
R	3~4				5~6			
L	28	35		45	55	70		90
L_1	13	15		20	25	30		40

注：1. 材料由制造者选定，推荐采用 T10A、GCr15、20Gr。

2. 硬度 52~56HRC，20Cr 渗碳 0.5~0.8mm，硬度 56~60HRC。

3. 其余应符合 GB/T 4170—2006 的规定。

4.3.6　推板导柱（GB/T 4169.14—2006）

GB/T 4169.14—2006 规定了塑料注射模用推板导柱的尺寸规格和公差，适用于塑料注射模所用的推板导柱。标准同时还给出了材料指南和硬度要求，并规定了推板导柱的标记。

对大型模具设置的推杆数量较多或由于塑件顶出部位面积的限制,推杆必须制成细长形时以及推出机构受力不均衡时(脱模力的总重心与机床推杆不重合),顶出后,推板可能发生偏斜,造成推杆弯曲或折断,此时应考虑设置导向装置,以保证推板移动时不发生偏斜。一般采用导柱,也可加上导套来实现导向。

导柱与导向孔或导套的配合长度不应小于10mm。当动模垫板支承跨度大时,导柱还可兼起辅助支承作用。

GB/T 4169.14—2006 规定的标准推板导柱见表4-14。

表 4-14　标准推板导柱 (摘自 GB/T 4169.14—2006)　　　　　　mm

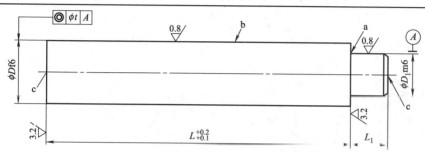

未注表面粗糙度 $R_a = 6.3\mu m$

未注倒角 1mm×45°

a——可选砂轮越程槽或 $R=0.5\sim1mm$ 的圆角

b——允许开油槽

c——允许保留两端的中心孔

标记示例:直径 $D=30mm$、长度 $L=100mm$ 的推板导柱,标记为

推板导柱　30×100　GB/T 4169.14—2006

D	30	35	40	50
D_1	25	30	35	40
L_1	20	25	30	45
L	100	×			
	110	×	×		
	120	×	×		
	130	×	×		
	150	×	×	×	
	180		×	×	×
	200			×	×
	250			×	×
	300				×

注:1. 材料由制造者选定,推荐采用 T10A、GCr15、20Gr。

2. 硬度 56~60HRC,20Cr 渗碳 0.5~0.8mm,硬度 56~60HRC。

3. 标注的形位公差应符合 GB/T 1184—1996 的规定,t 为 6 级精度。

4. 其余应符合 GB/T 4170—2006 的规定。

4.3.7　拉杆导柱 (GB/T 4169.20—2006)

GB/T 4169.20—2006 规定了塑料注射模用拉杆导柱的尺寸规格和公差,适用于塑料注射模所用的拉杆导柱。标准同时还给出了材料指南和硬度要求,并规定了拉杆导柱的标记。

GB/T 4169.20—2006 规定的标准拉杆导柱见表4-15。

表 4-15　标准拉杆导柱（摘自 GB/T 4169.20—2006）　　　　　　mm

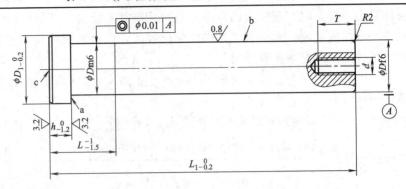

未注表面粗糙度 $R_a = 6.3\mu m$

未注倒角 $1mm \times 45°$

a——可选砂轮越程槽或 $R = 0.5 \sim 1mm$ 的圆角

b——允许开油槽

c——允许保留两端的中心孔

标记示例：直径 $D = 16mm$、长度 $L = 100mm$ 的拉杆导柱，标记为

拉杆导柱　16×100　GB/T 4169.20—2006

D	16	20	25	30	35	40	50	60	70	80	90	100
D_1	21	25	30	35	40	45	55	66	76	86	96	106
h	8	10	12	14	16	18	20	25				
d	M10	M12	M14	M16				M20		M24		
T	25	30	35	40				50		60		
L_1	25	30	35	45	50	60	70 / 80	90	100	120	140	150
L = 100	×	×	×									
110	×	×	×									
120	×	×	×									
130	×	×	×	×								
140	×	×	×	×								
150	×	×	×	×								
160	×	×	×	×	×							
170	×	×	×	×	×							
180	×	×	×	×	×							
190	×	×	×	×	×							
200	×	×	×	×	×	×						
210		×	×	×	×	×						
220		×	×	×	×	×						
230			×	×	×	×						
240			×	×	×	×	×					
250			×	×	×	×	×	×				
260				×	×	×	×					
270				×	×	×	×	×				
280				×	×	×	×			×		
290				×	×	×	×	×				
300			×	×	×	×	×	×			×	

续表

	320			×	×	×	×	×	×			
	340			×	×	×	×	×	×	×		
	360			×	×	×	×	×	×	×		
	380			×	×	×	×	×				
	400			×	×	×	×	×	×	×	×	×
	450				×	×	×	×	×	×	×	×
L	500				×	×	×	×	×	×	×	×
	550					×	×	×	×	×	×	×
	600					×	×	×	×	×	×	×
	650							×	×	×	×	×
	700								×	×	×	×
	750									×	×	×
	800								×	×	×	×

注：1. 材料由制造者选定，推荐采用 T10A、GCr15、20Cr。

2. 硬度 56~60HRC。20Cr 渗碳 0.5~0.8mm，硬度 56~60HRC。

3. 其余应符合 GB/T 4170—2006 的规定。

4.4　浇注系统的标准件

4.4.1　定位圈（GB/T 4169.18—2006）

　　GB/T 4169.18—2006 规定了塑料注射模用定位圈的尺寸规格和公差，适用于塑料注射模所用的定位圈。标准同时还给出了材料指南和硬度要求，并规定了定位圈的标记。

　　定位圈与塑料注射机定模固定板中心的定位孔相配合，其作用是为了使主流道与喷嘴和机筒对中。应用标准时应注意：①定位圈与塑料注射机定模固定板上的定位孔之间采取比较松动的间隙配合，如 H11/h11 或 H11/b11；②对于小型模具，定位圈与定位孔的配合长度可取 8~10mm，对于大型模具则可取 10~15mm。

　　GB/T 4169.18—2006 规定的标准定位圈见表 4-16。

　　生产实践中塑料模上的定位圈如图 4-12 所示。

图 4-12　生产实践中的定位圈

4.4.2　浇口套（GB/T 4169.19—2006）

　　GB/T 4169.19—2006 规定了塑料注射模用浇口套的尺寸规格和公差，适用于塑料注射模所用的浇口套。标准同时还给出了材料指南和硬度要求，并规定了浇口套的标记。

　　GB/T 4169.19—2006 规定的标准浇口套见表 4-17。

表 4-16　标准定位圈（摘自 GB/T 4169.18—2006）　　　　　mm

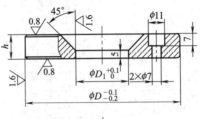

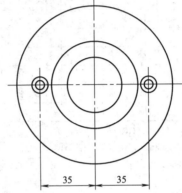

未注表面粗糙度 R_a=6.3μm

未注倒角 1mm×45°

标记示例：直径 D=100mm 的定位圈，标记为

定位圈　100　GB/T 4169.18—2006

D	D_1	h
100		
120	35	15
150		

注：1. 材料由制造者选定，推荐采用 45 钢。

2. 硬度 28～32HRC。

3. 其余应符合 GB/T 4170—2006 的规定。

表 4-17　标准浇口套尺寸（摘自 GB/T 4169.19—2006）　　　　　mm

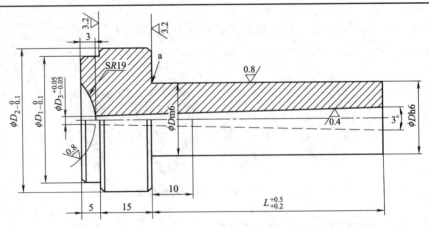

未注表面粗糙度 R_a=6.3μm

未注倒角 1mm×45°

a——可选砂轮越程槽或 R=0.5～1mm 的圆角

标记示例：直径 D=12mm、长度 L=50mm 的浇口套，标记为

浇口套　12×50　GB/T 4169.19—2006

D	D_1	D_2	D_3	L		
				50	80	100
12			2.8	×		
16	35	40	2.8	×	×	
20			3.2	×	×	×
25			4.2	×	×	×

注：1. 材料由制造者选定，推荐采用 45 钢。

2. 局部热处理，"$SR19$" 球面硬度为 38～45HRC。

3. 其余应符合 GB/T 4170—2006 的规定。

生产实践中塑料模上的浇口套如图 4-13 所示。

图 4-13　生产实践中的浇口套

4.5　模板（GB/T 4169.8—2006）

GB/T 4169.8—2006 规定了塑料注射模用模板的尺寸规格和公差，适用于塑料注射模所用的定模板、动模板、推件板、推料板、支承板和定模座板与动模座板。标准同时还给出了材料指南和硬度要求，并规定了模板的标记。

GB/T 4169.8—2006 规定的 A 型标准模板（用于定模板、动模板、推件板、推料板、支承板）见表 4-18。

GB/T 4169.8—2006 规定的 B 型标准模板（用于定模座板、动模座板）见表 4-19。

表 4-18　**A 型标准模板**（摘自 GB/T 4169.8—2006）　　　　　　　　　　　mm

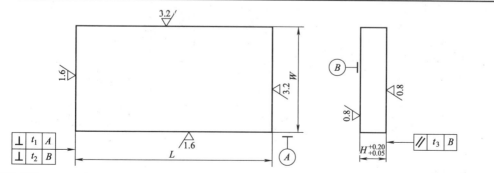

全部棱边倒角 2mm×45°

标记示例：宽度 $W=150$mm、长度 $L=150$mm、厚度 $H=20$mm 的 A 型模板，标记为

模板　A　150×150×20　GB/T 4169.8—2006

续表

W	L	20	25	30	35	40	45	50	60	70	80	90	100	110	120	130	140	150	160	180	200	220	250	280	300	350	400
																											H
150	150 180 200 230 250	×	×	×	×	×	×	×	×	×	×	×															
180	180 200 230 250 300 350	×	×	×	×	×	×	×	×	×	×	×															
200	200 230 250 300 350 400	×	×	×	×	×	×	×	×	×	×	×	×	×													
230	230 250 270 300 350 400	×	×	×	×	×	×	×	×	×	×	×	×	×	×												
250	250 270 300 350 400 450 500		×	×	×	×	×	×	×	×	×	×	×	×	×	×											
270	270 300 350 400 450 500			×	×	×	×	×	×	×	×	×	×	×	×	×											
300	300 350 400 450 500 550 600				×	×	×	×	×	×	×	×	×	×	×	×	×										
350	350 400 450 500 550 600						×	×	×	×	×	×	×	×	×	×											
400	400 450 500 550 600 700						×	×	×	×	×	×	×	×	×	×	×	×									
450	450 500 550 600 700							×	×	×	×	×	×	×	×	×	×	×	×								
500	500 550 600 700 800							×	×	×	×	×	×	×	×	×	×	×	×	×							
550	550 600 700 800 900							×	×	×	×	×	×	×	×	×	×	×	×	×	×						
600	600 700 800 900 1000								×	×	×	×	×	×	×	×	×	×	×	×	×						
650	650 700 800 900 1000								×	×	×	×	×	×	×	×	×	×	×	×	×	×					
700	700 800 900 1000 1250								×	×	×	×	×	×	×	×	×	×	×	×	×	×	×				
800	800 900 1000 1250								×	×	×	×	×	×	×	×	×	×	×	×	×	×	×	×	×		
900	900 1000 1250 1600								×	×	×	×	×	×	×	×	×	×	×	×	×	×	×	×	×	×	
1000	1000 1250 1600								×	×	×	×	×	×	×	×	×	×	×	×	×	×	×	×	×	×	×
1250	1250 1600 2000								×	×	×	×	×	×	×	×	×	×	×	×	×	×	×	×	×	×	×

注：1. 材料由制造者选定，推荐采用 45 钢。
2. 硬度 28～32HRC。
3. 未注尺寸公差等级应符合 GB/T 1801—1999 中 js13 的规定。
4. 未注形位公差应符合 GB/T 1184—1996 的规定，t_1、t_3 为 5 级精度，t_2 为 7 级精度。
5. 其余应符合 GB/T 4170—2006 的规定。

表 4-19　B 型标准模板（摘自 GB/T 4169.8—2006）　　　　mm

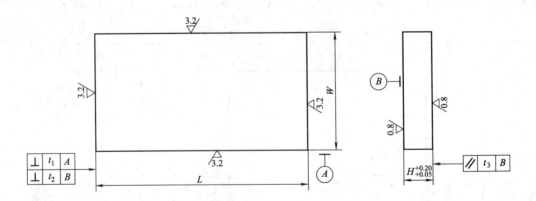

全部棱边倒角 2mm×45°

标记示例：宽度 $W=200$mm、长度 $L=150$mm、厚度 $H=20$mm 的 B 型模板，标记为

模板　B　150×150×20　GB/T 4169.8—2006

W	L							H												
								20	25	30	35	40	45	50	60	70	80	90	100	120
200	150	180	200	230	250			×	×											
230	180	200	230	250	300	350		×	×	×										
250	200	230	250	300	350	400		×	×	×										
280	230	250	270	300	350	400			×	×										
300	250	270	300	350	400	450	500		×	×	×									
320	270	300	350	400	450	500				×	×	×								
350	300	350	400	450	500	550	600			×	×	×	×							
400	350	400	450	500	550	600					×	×	×	×						
450	400	450	500	550	600	700					×	×	×	×						
550	450	500	550	600	700							×	×	×	×	×				
600	500	550	600	700	800							×	×	×	×					
650	550	600	700	800	900							×	×	×	×	×				
700	600	700	800	900	1000							×	×	×	×	×				
750	650	700	800	900	1000							×	×	×	×	×	×			
800	700	800	900	1000	1250								×	×	×	×	×	×		
900	800	900	1000	1250										×	×	×	×	×	×	
1000	900	1000	1250	1600										×	×	×	×	×	×	
1200	1000	1250	1600												×	×	×	×	×
1500	1250	1600	2000													×	×	×	×

注：1. 材料由制造者选定，推荐采用 45 钢。

2. 硬度 28～32HRC。

3. 未注尺寸公差等级应符合 GB/T 1801—1999 中 js13 的规定。

4. 未注形位公差应符合 GB/T 1184—1996 的规定，t_1 为 7 级精度，t_2 为 9 级精度，t_3 为 5 级精度。

5. 其余应符合 GB/T 4170—2006 的规定。

4.6　其他标准件

4.6.1　垫块（GB/T 4169.6—2006）

GB/T 4169.6—2006 规定了塑料注射模用垫块的尺寸规格和公差，适用于塑料注射模所用的垫块。标准同时还给出了材料指南，并规定了垫块的标记。

垫块的用途决定于推件的距离和调节模具的高度，选用时，其长度（L）方向一般应与模板长度方向一致。垫块的宽度（W）按同方向的模板宽度的 $1/6 \sim 1/5$ 取值，经圆整后按优先数列取值分级。其范围为 $28 \sim 220\text{mm}$，宽度 W 的选用取决于模板名义尺寸。垫块的厚度（H）主要取决于塑料注射机行程和必需的推（顶）出距离，其值每垫块宽度（W）规定有 $3 \sim 4$ 挡供选用。

GB/T 4169.6—2006 规定的标准垫块见表 4-20。

表 4-20　标准垫块（摘自 GB/T 4169.6—2006）　　　　　mm

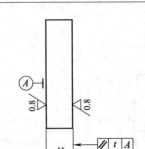

未注表面粗糙度 $R_a = 6.3\mu m$

全部棱边倒角 2mm×45°

标记示例：宽度 W=28mm、长度 L=150mm、厚度 H=50mm 的垫块，标记为

垫块　28×150×50　GB/T 4169.6—2006

W	L							H													
							50	60	70	80	90	100	110	120	130	150	180	200	250	300
28	150	180	200	230	250		×	×	×											
33	180	200	230	250	300	350		×	×	×										
38	200	230	250	300	350	400		×	×	×										
43	230	250	270	300	350	400			×	×	×									
48	250	270	300	350	400	450	500		×	×	×									
53	270	300	350	400	450	500			×	×	×									
58	300	350	400	450	500	550	600			×	×	×								
63	350	400	450	500	550	600				×	×	×								
68	400	450	500	550	600	700					×	×	×	×						
78	450	500	550	600	700						×	×	×	×						
88	500	550	600	700	800						×	×	×	×						
100	550	600	700	800	900	1000						×	×	×	×					
120	650	700	800	900	1000	1250							×	×	×	×	×	×		
140	800	900	1000	1250											×	×	×	×		
160	900	1000	1250	1600													×	×	×
180	1000	1250	1600														×	×	×
220	1250	1600	2000														×	×	×

注：1. 材料由制造者选定，推荐采用 45 钢。

　　2. 标注的形位公差应符合 GB/T 1184—1996 的规定，t 为 5 级精度。

　　3. 其余应符合 GB/T 4170—2006 的规定。

4.6.2　支承柱（GB/T 4169.10—2006）

　　GB/T 4169.10—2006 规定了塑料注射模用支承柱的尺寸规格和公差，适用于塑料注射模所用的支承柱。标准同时还给出了材料指南和硬度要求，并规定了支承柱的标记。

(1) 支承柱的尺寸规格

　　GB/T 4169.10—2006 规定的 A 型标准支承柱见表 4-21。

　　GB/T 4169.10—2006 规定的 B 型标准支承柱见表 4-22。

表 4-21　**A 型标准支承柱**（摘自 GB/T 4169.10—2006）　　　　mm

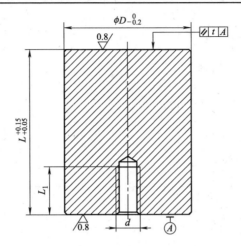

未注表面粗糙度 $R_a = 6.3 \mu m$
未注倒角 $1mm \times 45°$
标记示例:直径 $D=25mm$、长度 $L=80mm$ 的 A 型支承柱,标记为
　　　　　支承柱　A　25×80　GB/T 4169.10—2006

D	L											d	L_1
	80	90	100	110	120	130	150	180	200	250	300		
25	×	×	×	×	×							M8	15
30	×	×	×	×	×								
35	×	×	×	×	×	×							
40	×	×	×	×	×	×	×					M10	18
50	×	×	×	×	×	×	×	×	×	×			
60	×	×	×	×	×	×	×	×	×	×	×	M12	20
80	×	×	×	×	×	×	×	×	×	×	×	M16	30
100	×	×	×	×	×	×	×	×	×	×	×		

注：1. 材料由制造者选定，推荐采用 45 钢。
　　2. 硬度 28～32HRC。
　　3. 标注的形位公差应符合 GB/T 1184—1996 的规定，t 为 6 级精度。
　　4. 其余应符合 GB/T 4170—2006 的规定。

表 4-22　**B 型标准支承柱**（摘自 GB/T 4169.10—2006）　　　　mm

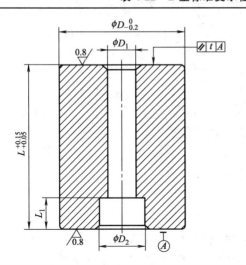

未注表面粗糙度 $R_a = 6.3 \mu m$

未注倒角 $1mm \times 45°$

标记示例:直径 $D=25mm$、长度 $L=80mm$ 的 B 型支承柱,标记为

支承柱 B　25×80　GB/T 4169.10—2006

续表

D	L											D_1	D_2	L_1
	80	90	100	110	120	130	150	180	200	250	300			
25	×	×	×	×	×									
30	×	×	×	×	×							9	15	9
35	×	×	×	×	×	×								
40	×	×	×	×	×	×	×					11	18	11
50	×	×	×	×	×	×	×	×	×	×				
60	×	×	×	×	×	×	×	×	×	×	×	13	20	13
80	×	×	×	×	×	×	×	×	×	×	×	17	26	17
100	×	×	×	×	×	×	×	×	×	×	×			

注：1. 材料由制造者选定，推荐采用 45 钢。

2. 硬度 28～32HRC。

3. 标注的形位公差应符合 GB/T 1184—1996 的规定，t 为 6 级精度。

4. 其余应符合 GB/T 4170—2006 的规定。

（2）支承柱的组合形式

支承柱的组合形式如图 4-14 所示。

4.6.3　圆形定位元件（GB/T 4169.11—2006）

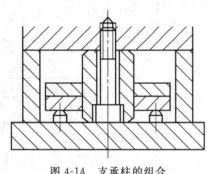

GB/T 4169.11—2006 规定了塑料注射模用圆形定位元件的尺寸规格和公差，适用于塑料注射模所用的圆形定位元件。标准同时还给出了材料指南和硬度要求，并规定了圆形定位元件的标记。

圆形定位元件主要用于动模、定模之间需要精确定位的场合，例如，在注射成型薄壁制品塑件时，为保证壁厚均匀，则需要使用该标准零件进行精确定位。对同轴度要求高的塑件，而且其型腔分别设在动模和定模上时，也需要使用该标准零件进行精确定位，同时，圆形定位元件还具有增强模具刚度的效果。在模

图 4-14　支承柱的组合
形式示例

具中采用的数量视需要确定。

GB/T 4169.11—2006 规定的标准圆形定位元件见表 4-23。

4.6.4　矩形定位元件（GB/T 4169.21—2006）

GB/T 4169.21—200 规定了塑料注射模用矩形定位元件的尺寸和公差，适用于塑料注射模所用的矩形定位元件。标准同时还给出了材料指南和硬度要求，并规定了矩形定位元件的标记。

GB/T 4169.21—2006 规定的标准矩形定位元件见表 4-24。

4.6.5　圆形拉模扣（GB/T 4169.22—2006）

GB/T 4169.22—2006 规定了塑料注射模用圆形拉模扣的尺寸规格和公差，适用于塑料注射模所用的圆形拉模扣。标准同时还给出了材料指南和硬度要求，并规定了圆形拉模扣的标记。

表 4-23　标准圆形定位元件（摘自 GB/T 4169.11—2006）　　　　mm

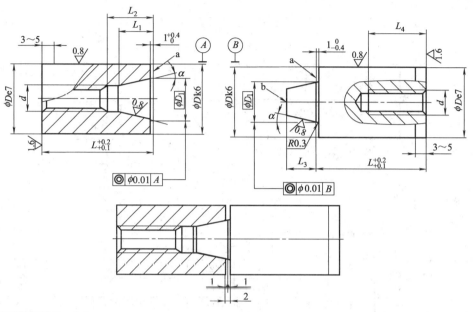

未注表面粗糙度 $R_a = 6.3\mu m$

未注倒角 1mm×45°

a——基准面

b——允许保留中心孔

标记示例：直径 $D=12mm$ 的圆形定位元件，标记为

圆形定位元件　12　GB/T 4169.11—2006

D	D_1	d	L	L_1	L_2	L_3	L_4	α
12	6	M4	20	7	9	5	11	5°
16	10	M5	25	8	10	6	11	
20	13	M6	30	11	13	9	13	
25	16	M8	30	12	14	10	15	5°,10°
30	20	M10	40	16	18	14	18	
35	24	M12	50	22	24	20	24	

注：1. 材料由制造者选定，推荐采用 T10A、GCr15。

2. 硬度 58～62HRC。

3. 其余应符合 GB/T 4170—2006 的规定。

表 4-24　标准矩形定位元件（摘自 GB/T 4169.21—2006）　　　　mm

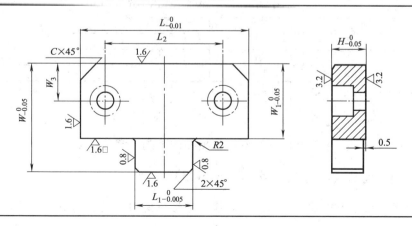

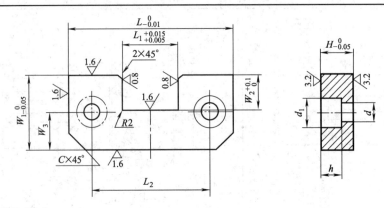

未注表面粗糙度 $R_a = 6.3\mu m$

未注倒角 1mm×45°

标记示例：长度 $L=50mm$ 的矩形定位元件，标记为

矩形定位元件　50　GB/T 4169.21—2006

L	L_1	L_2	W	W_1	W_2	W_3	C	d	d_1	H	h
50	17	34	30	21.5	8.5	11	5	7	11	16	8
75	25	50	50	36	15	18	8	11	17.5	19	12
100	35	70	65	45	21	22	10	11	17.5	19	12
125	45	84	65	45	21	22	10	11	17.5	25	12

注：1. 材料由制造者选定，推荐采用 GCr15、9CrWMn。

2. 凸件硬度 50~54HRC，凹件硬度 56~60HRC。

3. 其余应符合 GB/T 4170—2006 的规定。

GB/T 4169.22—2006 规定的标准圆形拉模扣见表 4-25。

表 4-25　标准圆形拉模扣（摘自 GB/T 4169.22—2006）　　　　　　　mm

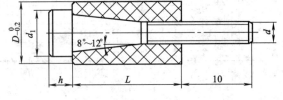

未注倒角 1mm×45°

标记示例：直径 $D=12mm$ 的圆形拉模扣，标记为

圆形拉模扣　12　GB/T 4169.22—2006

D	L	d	d_1	h	B
12	20	M6	10	4	5
16	25	M8	14	5	6
20	30	M10	18	5	8

注：1. 材料由制造者选定，推荐采用尼龙 66。

2. 螺钉推荐采用 45 钢，硬度 28~32HRC。

3. 其余应符合 GB/T 4170—2006 的规定。

GB/T 4169.22—2006 规定的标准圆形拉模扣的装配示意见图 4-15。

4.6.6　矩形拉模扣（GB/T 4169.23—2006）

GB/T 4169.23—2006 规定了塑料注射模用矩形拉模扣的尺寸规格和公差，适用于塑料

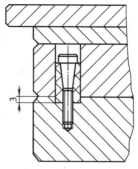

图 4-15　圆形拉模扣装配示意

注射模所用的矩形拉模扣。标准同时还给出了材料指南和硬度要求，并规定了矩形拉模扣的标记。

GB/T 4169.23—2006 规定的标准矩形拉模扣见表 4-26。

表 4-26　标准矩形拉模扣（摘自 GB/T 4169.23—2006）　　　　　　　　　mm

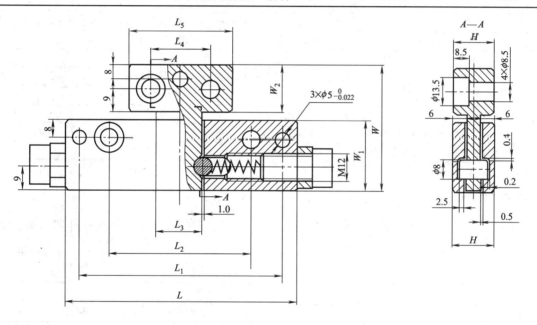

未注倒角 1mm×45°

标记示例：宽度 $W=52$mm、长度 $L=100$mm 的矩形拉模扣，标记为

矩形拉模扣　52×100　GB/T 4169.23—2006

W	W_1	W_2	L	L_1	L_2	L_3	L_4	L_5	H
52	30	20	100	85	60	20	25	45	22
80									
66	36	28	120	100	70	24	35	60	28
110									

注：1. 材料由制造者选定，本体与插体推荐采用 45 钢，顶销推荐采用 GCr15。

　　2. 插件硬度 40～45HRC，顶销硬度 58～62HRC。

　　3. 最大使用负荷应达到：$L=100$mm 为 10kN，$L=120$mm 为 12kN。

　　4. 其余应符合 GB/T 4170—2006 的规定。

4.7　塑料注射模零件技术条件（GB／T 4170—2006）

GB/T 4170—2006《塑料注射模零件技术条件》规定了对塑料注射模零件的要求、检验、标志、包装、运输和储存，适用于 GB/T 4169.1～23—2006 规定的塑料注射模零件。

4.7.1　要求

GB/T 4170—2006《塑料注射模零件技术条件》规定的对塑料注射模零件的要求见表 4-27。

表 4-27　对塑料注射模零件的要求

标准条目编号	内　容
3.1	图样中线性尺寸的一般公差应符合 GB/T 1804—2000 中 m 的规定
3.2	图样中未注形状和位置公差应符合 GB/T 1184—1996 中 H 的规定
3.3	零件均应去毛刺
3.4	图样中螺纹的基本尺寸应符合 GB/T 196 的规定，其偏差应符合 GB/T 197 中 6 级的规定
3.5	图样中砂轮越程槽的尺寸应符合 GB/T 6403.5 的规定
3.6	模具零件所选用材料应符合相应牌号的技术标准
3.7	零件经热处理后硬度应均匀，不允许有裂纹、脱碳、氧化斑点等缺陷
3.8	超过 25kg 的板类零件应设置吊装用螺孔
3.9	图样上未注公差角度的极限偏差应符合 GB/T 1804—2000 中 c 的规定
3.10	图样中未注尺寸的中心孔应符合 GB/T 145 的规定
3.11	模板的侧向基准面上应做明显的基准标记

4.7.2　检验

GB/T 4170—2006《塑料注射模零件技术条件》规定的对塑料注射模零件的检验见表 4-28。

表 4-28　塑料注射模零件的检验

标准条目编号	内　容
4.1	零件应按 GB/T 4169.1～23—2000 和本标准 3.3.3 的第 1～2 项的规定进行检验
4.2	检验合格后应做出检验合格标志，标志应包含以下内容：检验部门、检验员、检验日期

4.7.3　标志、包装、运输、储存

GB/T 4170—2006《塑料注射模零件技术条件》规定的对塑料注射模零件的标志、包装、运输、储存见表 4-29。

表 4-29　塑料注射模零件的标志、包装、运输、储存

标准条目编号	内　容
5.1	在零件的非工作表面应做出零件的规格和材质标志
5.2	检验合格的零件应清理干净，经防锈处理后入库储存
5.3	零件应根据运输要求进行包装，应防潮、防止磕碰，保证在正常运输中完好无损

4.8 塑料注射模技术条件 (GB/T 12554—2006)

GB/T 12554—2006《塑料注射模技术条件》标准规定了塑料注射模的要求、验收、标志、包装、运输和储存,适用于塑料注射模的设计、制造和验收。

4.8.1 零件要求

GB/T 12554—2006《塑料注射模技术条件》标准规定的对塑料注射模零件的要求见表4-30。

表 4-30 塑料注射模零件的要求

标准条目编号	内 容
3.1	设计塑料注射模宜选用 GB/T 12555、GB/T 4169.1~23 规定的塑料注射模标准模架和塑料注射模零件
3.2	模具成型零件和浇注系统零件所选用材料应符合相应牌号的技术标准
3.3	模具成型零件和浇注系统零件推荐材料和热处理硬度见表 4-31,允许质量和性能高于表 4-31 推荐的材料
3.4	成型对模具易腐蚀的塑料时,成型零件应采用耐蚀材料制作,或其成型面应采取防腐蚀措施
3.5	成型对模具易磨损的塑料时,成型零件硬度应不低于 50HRC,否则成型表面应做表面硬化处理,硬度应高于 600HV
3.6	模具零件的几何形状、尺寸、表面粗糙度应符合图样要求
3.7	模具零件不允许有裂纹,成型表面不允许有划痕、压伤、锈蚀等缺陷
3.8	成型部位未注公差尺寸的极限偏差应符合 GB/T 1804—2000 中 f 的规定
3.9	成型部位转接圆弧未注公差尺寸的极限偏差应符合表 4-32 的规定
3.10	成型部位未注角度和锥度公差尺寸的极限偏差应符合表 4-33 的规定。锥度公差按锥体母线长度决定,角度公差按角度短边长度决定
3.11	当成型部位未注脱模斜度时,除下述要求外,单边脱模斜度应不大于表 4-34 的规定值,当图中未注脱模斜度方向时,按减小塑件壁厚并符合脱模要求的方向制造 (1)文字、符号的单边脱模斜度应为 10°~15° (2)成型部位有装饰纹时,单边脱模斜度允许大于表 4-34 的规定值 (3)塑件上凸起或加强筋单边脱模斜度应大于 2° (4)塑件上有数个并列圆孔或格状栅孔时,其单边脱模斜度应大于表 4-34 的规定值 (5)对于表 4-34 中所列的塑料若填充玻璃纤维等增强材质后,其脱模斜度应增加 1°
3.12	非成型部位未注公差尺寸的极限偏差应符合 GB/T 1804—2000 中的 m 的规定
3.13	成型零件表面应避免有焊接熔痕
3.14	螺钉安装孔、推杆孔、复位杆孔等未注孔距公差的极限偏差应符合 GB/T 1804—2000 中的 f 的规定
3.15	模具零件图中螺纹的基本尺寸应符合 GB/T 196 的规定,选用的公差与配合应符合 GB/T 197 的规定
3.16	模具零件图中未注形位公差应符合 GB/T 1184—1996 中的 H 的规定
3.17	非成型零件外形棱边应均应倒角或倒圆。与型芯、推杆相配合的孔在成型面和分型面的交接边缘不允许倒角或倒圆

表 4-31　模具成型零件和浇注系统零件推荐材料和热处理硬度

零件名称	材　料	硬度　HRC
型芯、定模镶块、动模镶块、活动镶块、分流锥、推杆、浇口套	45,40Cr	40～45
	CrWMn,9Mn2V	48～52
	Cr12,Cr12mOv	52～58
	3Cr2Mo	预硬态 35～45
	4Cr5MoSiV1	45～55
	3Cr13	45～55

表 4-32　成型部位转接圆弧未注公差尺寸的极限偏差　　　　　　　　　　mm

转接圆弧半径		≤6	>6～18	>18～30	>30～120	>120
极限偏差值	凸圆弧	0 −0.15	0 −0.20	0 −0.30	0 −0.45	0 −0.60
	凹圆弧	+0.15 0	+0.20 0	+0.30 0	+0.45 0	+0.60 0

表 4-33　成型部位未注角度和锥度公差尺寸的极限偏差

锥体母线或角度短边长度/mm	≤6	>6～18	>18～30	>30～120	>120
极限偏差值	±1°	±30′	±20′	±10′	±5′

表 4-34　成型部位未注脱模斜度时的单边脱模斜度

塑料类别	脱模高度/mm								
	≤6	>6～10	>10 ～18	>18 ～30	>30 ～50	>50 ～80	>80 ～120	>120 ～180	>180 ～250
自润性好的塑料（聚甲醛、聚酰胺等）	1°45′	1°30′	1°15′	1°	45′	30′	20′	15′	10′
软质塑料（如聚乙烯、聚丙烯等）	2°	1°45′	1°30′	1°15′	1°	45′	30′	20′	15′
硬质塑料（如聚乙烯、聚甲基丙烯酸甲酯、丙烯腈-丁二烯-苯乙烯共聚物、聚碳酸酯、注射型酚醛塑料等）	2°30′	2°15′	2°	1°45′	1°30′	1°15′	1°	45′	30′

4.8.2　装配要求

　　GB/T 12554—2006《塑料注射模技术条件》标准规定的对塑料注射模的装配要求见表 4-35。

表 4-35　塑料注射模的装配要求

标准条目编号	内　　容
4.1	定模座板与动模座板安装平面的平行度应符合 GB/T 12556—2006 的规定
4.2	导柱、导套对模板的垂直度应符合 GB/T 12556—2006 的规定

标准条目编号	内　　容
4.3	在合模位置,复位杆端面应与其接触面贴合,允许有不大于 0.05mm 的间隙
4.4	模具所有活动部分应保证位置准确,动作可靠,不得有歪斜和卡滞现象,要求固定的零件,不得相对窜动
4.5	塑件的嵌件或机外脱模的成型零件在模具上安装位置应定位准确、安放可靠,应有防错位措施
4.6	流道转接处圆弧连接应平滑,镶接处应紧密贴合,未注脱模斜度不小于 5°,表面粗糙度 $R_a \leqslant 0.8 \mu m$
4.7	热流道模具,其浇注系统不允许有塑料渗漏现象
4.8	滑块运动应平稳,合模后滑块与楔紧块应压紧,接触面积不小于设计值的 75%,开模后限位应准确可靠
4.9	合模后分型面应紧密贴合,排气槽除外。成型部分固定镶件的拼合间隙应小于塑料的溢料间隙,详见表 4-36 的规定
4.10	通介质的冷却或加热系统应通畅,不应有介质渗漏现象
4.11	气动或液压系统应畅通,不应有介质渗漏现象
4.12	电气系统应绝缘可靠,不允许有漏电或短路现象
4.13	模具应设吊环螺钉,确保安全吊装。起吊时模具应平稳,便于装模。吊环螺钉应符合 GB/T 825 的规定
4.14	分型面上应尽可能避免有螺钉或销钉的通孔,以免积存溢料

表 4-36　塑料的溢料间隙　　　　　　　　　　mm

塑料流动性	好	一般	较差
溢料间隙	<0.03	<0.05	<0.08

4.8.3　验收

GB/T 12554—2006《塑料注射模技术条件》标准规定的对塑料注射模的验收见表 4-37。

表 4-37　塑料注射模的验收

标准条目编号	内　　容
5.1	验收应包括以下内容 (1)外观检查 (2)尺寸检查 (3)模具材质和热处理要求检查 (4)冷却或加热系统、气动或液压系统、电气系统检查 (5)试模和塑件检查 (6)质量稳定性检查
5.2	模具供方应按模具图和本技术条件对模具零件和整套模具进行外观与尺寸检查
5.3	模具供方应对冷却或加热系统、气动或液压系统、电气系统进行检查 (1)对冷却或加热系统加 0.5MPa 的压力试压,保压时间不少于 5min,不得有渗漏现象 (2)对气动或液压系统按设计额定压力值的 1.2 倍试压,保压时间不少于 5min,不得有渗漏现象 (3)对电气系统应先用 500V 摇表检查其绝缘电阻,应不低于 10MΩ,然后按设计额定参数通电检查
5.4	完成 5.3 中(2)、(3)项目检查并确认合格后,可进行试模。试模应严格遵守如下要求 (1)试模应严格遵守注塑工艺规程,按正常生产条件试模 (2)试模所用材质应符合图样的规定,采用代用塑料时应经顾客同意 (3)所用塑料注射机及附件应符合技术要求,模具装机后应空载运行,确认模具活动部分动作灵活、稳定、准确、可靠

标准条目编号	内 容
5.5	试模工艺稳定后,应连续提取5~15模塑件进行检查。模具供方和顾客确认塑件合格后,由供方开具模具合格证并随模具交付顾客
5.6	模具质量稳定性检验方法为:在正常生产条件下连续生产不少于8h,或由模具供方与顾客协商确定
5.7	模具顾客在验收时,应按图样和技术条件对模具主要零件的材质、热处理、表面处理情况进行检查或抽查

4.8.4 标志、包装、运输、储存

GB/T 12554—2006《塑料注射模技术条件》标准规定的对塑料注射模的标志、包装、运输和储存见表4-38。

表4-38 塑料注射模的标志、包装、运输和储存

标准条目编号	内 容
6.1	在模具外表面的明显处应做出标志。标志一般包括以下内容:模具号、出厂日期、供方名称
6.2	对冷却或加热系统应标记进口和出口。对气动或液压系统应标记进口和出口,并在进口处标记额定压力值。对电气系统接口处应标记额定电气参数值
6.3	交付模具应干净整洁,表面应涂覆防锈剂
6.4	动模、定模尽可能整体包装。对于水嘴、油嘴、油缸、汽缸、电器零件允许分体包装。水、液、气进、出口处和电路接口应采用封口措施防止异物进入
6.5	模具应根据运输要求进行包装,应防潮、防止磕碰,保证在正常运输中模具完好无损

第 **5** 章　塑料注射模的标准模架

GB/T 12555—2006《塑料注射模模架》标准规定了塑料注射模模架的组合形式、尺寸和标记，适用于塑料注射模模架。塑料注射模模架结构组成如图 5-1 所示。

5.1　标准模架的形式与零件组成

塑料注射模模架以其在模具中的应用方式，分为直浇口与点浇口两种形式，其零件组成及其零件名称分别见图 5-2、图 5-3。

塑料注射模的每一个零件在国家标准中都给出了其名称和含义，具体参见 GB/T 12555—2006《塑料成型模术语》。

图 5-1　塑料注射模模架的结构组成

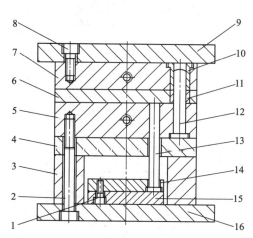

图 5-2　直浇口模架组成零件的名称

1,2,8—内六角螺钉；3—垫块；4—支承板；5—动模板；6—推件板；7—定模板；9—定模座板；10—带头导套；11—直导套；12—带头导柱；13—复位杆；14—推杆固定板；15—推板；16—动模座板

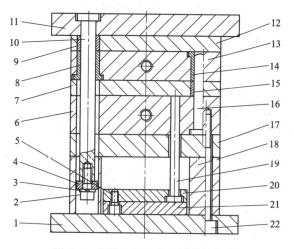

图 5-3　点浇口模架组成零件的名称

1—动模座板；2,5,22—内六角螺钉；3—弹簧垫圈；4—挡环；6—动模板；7—推件板；8,14—带头导套；9,15—直导套；10—拉杆导柱；11—定模座板；12—推料板；13—定模板；16—带头导柱；17—支承板；18—垫块；19—复位杆；20—推杆固定板；21—推板

5.2　模架组合形式

塑料注射模模架按结构特征分为 36 种主要结构，其中直浇口模架为 12 种、点浇口模架为 16 种、简化点浇口模架为 8 种。

5.2.1　直浇口模架

直浇口模架有 12 种，其中直浇口基本型为 4 种、直身基本型为 4 种、直身无定模座板型为 4 种。

直浇口基本型分为 A 型、B 型、C 型和 D 型，其结构为 A 型：定模二模板，动模二模板；B 型：定模二模板，动模二模板，加装推件板（推板）；C 型：定模二模板，动模一模板；D 型：定模二模板，动模一模板，加装推件板。直浇口基本型模架组合形式见表 5-1。

直身基本型分为 ZA 型、ZB 型、ZC 型、ZD 型，如表 5-2 所示。

直身无定模座板型分为 ZAZ 型、ZBZ 型、ZCZ 和 ZDZ 型，如表 5-3 所示。

表 5-1　直浇口基本型模架组合形式（摘自 GB/T 12555—2006）

组合形式	示　意　图	组合形式	示　意　图
A 型		C 型	
B 型		D 型	

5.2.2　点浇口模架

点浇口模架有 16 种，其中点浇口基本型为 4 种、直身点浇口基本型为 4 种、点浇口无推料板型为 4 种、直身点浇口无推料板型为 4 种。

表 5-2　**直浇口直身基本型模架组合形式**（摘自 GB/T 12555—2006）

组合形式	示　意　图	组合形式	示　意　图
ZA 型		ZC 型	
ZB 型		ZD 型	

表 5-3　**直浇口直身无定模座板型模架组合形式**（摘自 GB/T 12555—2006）

组合形式	示　意　图	组合形式	示　意　图
ZAZ 型		ZCZ 型	
ZBZ 型		ZDZ 型	

点浇口基本型分为 DA 型、DB 型、DC 型和 DD 型，如表 5-4 所示。

直身点浇口基本型分为 ZDA 型、ZDB 型、ZDC 型和 ZDD 型，如表 5-5 所示。

点浇口无推料板型分为 DAT 型、DBT 型、DCT 型和 DDT 型，如表 5-6 所示。

直身点浇口无推料板型分为 ZDAT 型、ZDBT 型、ZDCT 型和 ZDDT 型，如表 5-7 所示。

表 5-4　点浇口基本型模架组合形式（摘自 GB/T 12555—2006）

组合形式	示　意　图	组合形式	示　意　图
DA 型		DC 型	
DB 型		DD 型	

表 5-5　直身点浇口基本型模架组合形式（摘自 GB/T 12555—2006）

组合形式	示　意　图	组合形式	示　意　图
ZDA 型		ZDB 型	

续表

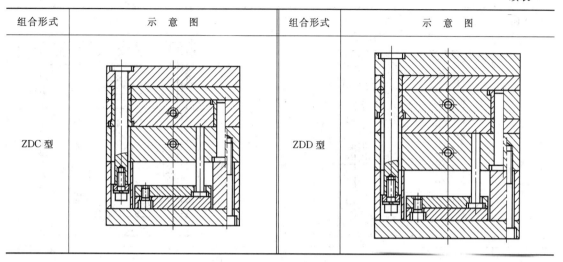

组合形式	示　意　图	组合形式	示　意　图
ZDC 型		ZDD 型	

表 5-6　**点浇口无推料板型模架组合形式** （摘自 GB/T 12555—2006）

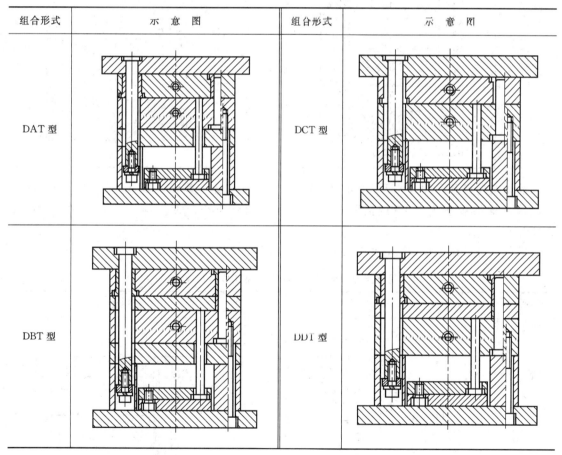

组合形式	示　意　图	组合形式	示　意　图
DAT 型		DCT 型	
DBT 型		DDT 型	

5.2.3　简化点浇口模架

简化点浇口模架有 8 种，其中简化点浇口基本型为 2 种、直身简化点浇口型为 2 种、简化点浇口无推料板型为 2 种、直身简化点浇口无推料板型为 2 种。

表 5-7　直身点浇口无推料板型模架组合形式（摘自 GB/T 12555—2006）

组合形式	示 意 图	组合形式	示 意 图
ZDAT 型		ZDCT 型	
ZDBT 型		ZDDT 型	

　　简化点浇口基本型分为 JA 型和 JC 型；直身简化点浇口型分为 ZJA 型和 ZJC 型；简化点浇口无推料板型分为 JAT 型和 JCT 型；直身简化点浇口无推料板型分为 ZJAT 型和 ZJCT 型。

　　简化点浇口模架组合形式见表 5-8。

表 5-8　简化点浇口模架组合形式（摘自 GB/T 12555—2006）

组合形式	示 意 图	组合形式	示 意 图
简化点浇口基本型			
JA 型		JC 型	

组合形式	示　意　图	组合形式	示　意　图
直身简化点浇口型			
ZJA 型		ZJC 型	
简化点浇口无推料板型			
JAT 型		JCT 型	
直身简化点浇口无推料板型			
ZJAT 型		ZJCT 型	

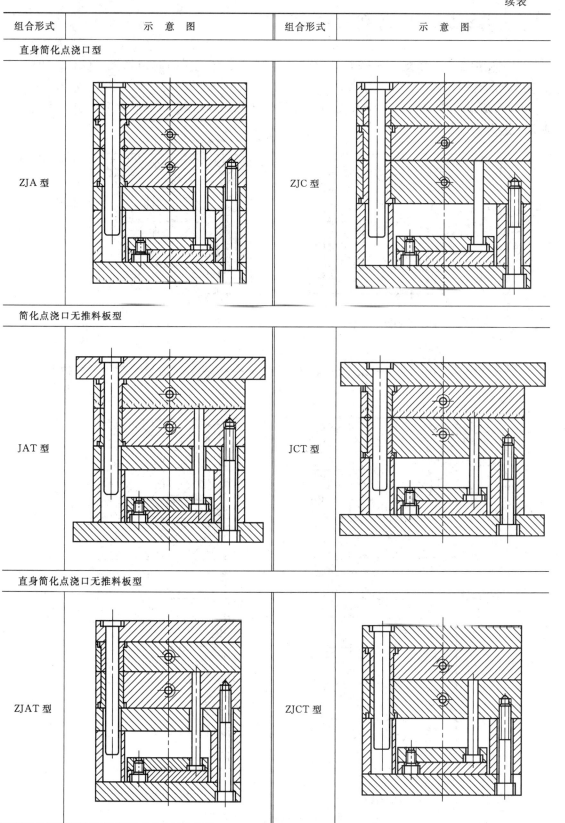

5.3　模架导向件与螺钉安装形式

根据使用要求,模架中的模架导向件与螺钉可以有不同的安装形式,GB/T 12555—2006《塑料注射模模架》国家标准中的具体规定有以下五个方面。

① 根据模具使用要求,模架中的导柱导套可以分为正装与反装两种形式,如图 5-4 所示。

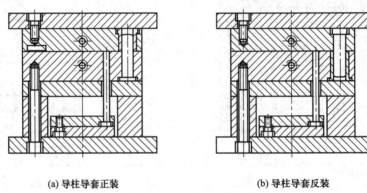

(a) 导柱导套正装　　　　　　　　　　(b) 导柱导套反装

图 5-4　导柱导套正反装形式

② 根据模具使用要求,模架中的拉杆导柱可以分为装在内侧与装在外侧两种形式,如图 5-5 所示。

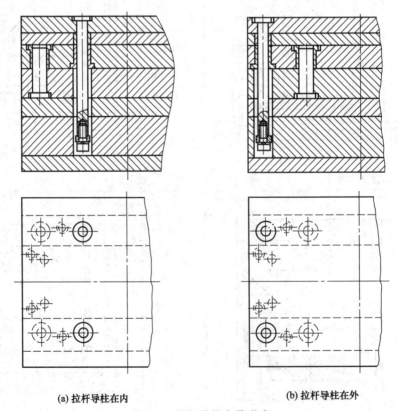

(a) 拉杆导柱在内　　　　　　　　　　(b) 拉杆导柱在外

图 5-5　拉杆导柱安装形式

③ 根据模具使用要求，模架中的垫块可以增加螺钉单独固定在动模座板上，如图 5-6 所示。

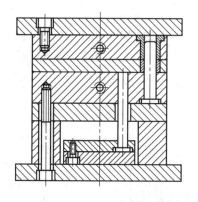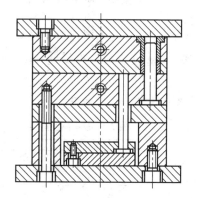

(a) 垫块与动模座板无固定螺钉　　　　　　(b) 垫块与动模座板有固定螺钉

图 5-6　垫块与动模座板的安装形式

④ 根据模具使用要求，模架中的推板可以加装推板导柱及限位钉，如图 5-7 所示。

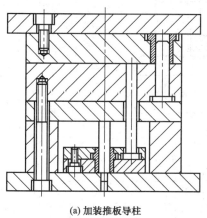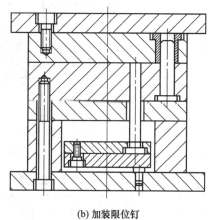

(a) 加装推板导柱　　　　　　　　　　(b) 加装限位钉

图 5-7　加装推板导柱及限位钉的形式

⑤ 根据模具使用要求，模架中的定模板厚度较大时，导套可以配装成如图 5-8 所示结构。

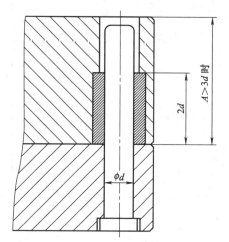

图 5-8　较厚定模板导套结构

5.4　基本型模架组合尺寸

GB/T 12555—2006《塑料注射模模架》标准规定组成模架的零件应符合 GB/T 4169.1～23—2006《塑料注射模零件》标准的规定。标准中所称的组合尺寸为零件的外形尺寸和孔径与空位尺寸。

基本型模架组合尺寸见表 5-9。

表 5-9　基本型模架组合尺寸（摘自 GB/T 12555—2006）　　　　　　mm

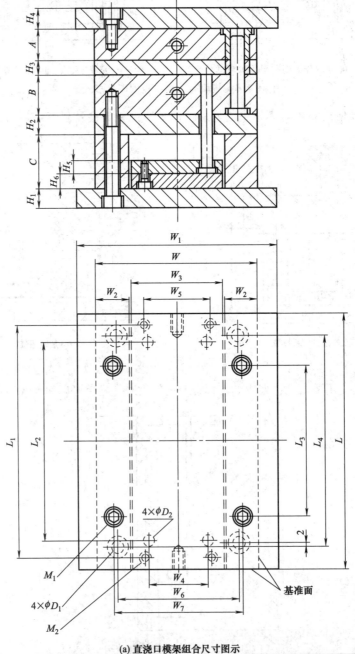

(a) 直浇口模架组合尺寸图示

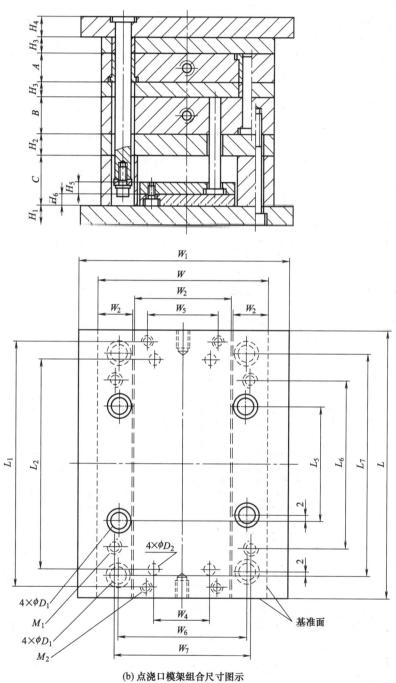

(b) 点浇口模架组合尺寸图示

续表

代号	系　列										
	1515	1518	1520	1523	1525	1818	1820	1823	1825	1830	1835
W	150					180					
L	150	180	200	230	250	180	200	230	250	300	350
W_1	200					230					
W_2	28					33					
W_3	90					110					
A,B	20、25、30、35、40、45、50、55、60、70、80					20、25、30、35、40、45、50、55、60、70、80					
C	50、60、70					60、70、80					
H_1	20					20					
H_2	30					30					
H_3	20					20					
H_4	25					30					
H_5	13					15					
H_6	15					20					
W_4	48					68					
W_5	72					90					
W_6	114					134					
W_7	120					145					
L_1	132	162	182	212	232	160	180	210	230	280	330
L_2	114	144	164	194	214	138	158	188	208	258	308
L_3	56	86	106	136	156	64	84	114	124	174	224
L_4	114	144	164	194	214	134	154	184	204	254	304
L_5	—	52	72	102	122	—	46	76	96	146	196
L_6	—	96	116	146	166	—	98	128	148	198	248
L_7	—	144	164	194	214	—	154	184	204	254	304
D_1	16					20					
D_2	12					12					
M_1	4×M10					4×M12				6×M12	
M_2	4×M6					4×M8					

续表

代号	系 列											
	2020	2023	2025	2030	2035	2040	2323	2325	2327	2330	2335	2340
W	200						230					
L	200	230	250	300	350	400	230	250	270	300	350	400
W_1	250						280					
W_2	38						43					
W_3	120						140					
$A 、B$	25、30、35、40、45、50、60、70、80、90、100						25、30、35、40、45、50、60、70、80、90、100					
C	60、70、80						70、80、90					
H_1	25						25					
H_2	30						35					
H_3	20						20					
H_4	30						30					
H_5	15						15					
H_6	20						20					
W_4	84	80					106					
W_5	100						120					
W_6	154						184					
W_7	160						185					
L_1	180	210	230	280	330	380	210	230	250	280	330	380
L_2	150	180	200	250	300	350	180	200	220	250	300	350
L_3	80	110	130	180	230	280	106	126	144	174	224	274
L_4	154	184	204	254	304	354	184	204	224	254	304	354
L_5	46	76	96	146	196	246	74	94	112	142	192	242
L_6	98	128	148	198	248	298	128	148	166	196	246	296
L_7	154	184	204	254	304	354	184	204	224	254	304	354
D_1	20						20					
D_2	12	15					15					
M_1	4×M12			6×M12			4×M12		4×M14		6×M14	
M_2	4×M8						4×M8					

续表

代号	系 列												
	2525	2527	2530	2535	2540	2545	2550	2727	2730	2735	2740	2745	2750
W	250							270					
L	250	270	300	350	400	450	500	270	300	350	400	450	500
W_1	300							320					
W_2	48							53					
W_3	150							160					
$A、B$	30、35、40、45、50、60、70、80、90、100、110、120							30、35、40、45、50、60、70、80、90、100、110、120					
C	70、80、90							70、80、90					
H_1	25							25					
H_2	35							40					
H_3	25							25					
H_4	35							35					
H_5	15							15					
H_6	20							20					
W_4	110							110					
W_5	130							136					
W_6	194							214					
W_7	200							215					
L_1	230	250	280	330	380	430	480	246	276	326	376	426	476
L_2	200	220	250	298	348	398	448	210	240	290	340	390	440
L_3	108	124	154	204	254	304	354	124	154	204	254	304	354
L_4	194	214	244	294	344	394	444	214	244	294	344	394	444
L_5	70	90	120	170	220	270	320	90	120	170	220	270	320
L_6	130	150	180	230	280	330	380	150	180	230	280	330	380
L_7	194	214	244	294	344	394	444	214	244	294	344	394	444
D_1	25							25					
D_2	15			20				20					
M_1	4×M14			6×M14				4×M14			6×M14		
M_2	4×M8							4×M10					

续表

代号	系列											
	3030	3035	3040	3045	3050	3055	3060	3535	3540	3545	3550	3555	3560
W	300							350					
L	300	350	400	450	500	550	600	350	400	450	500	550	600
W_1	350							450					
W_2	58							63					
W_3	180							220					
$A、B$	35、40、45、50、60、70、80、90、100、110、120、130							40、45、50、60、70、80、90、100、110、120、130					
C	80、90、100							90、100、110					
H_1	25	30						30					
H_2	40							45					
H_3	30							35					
H_4	45							45			50			
H_5	20							20					
H_6	25							25					
W_4	134			128				164			152		
W_5	156							196					
W_6	234							284			274		
W_7	240							285					
L_1	276	326	376	426	476	526	576	326	376	426	476	526	576
L_2	240	290	340	390	440	490	540	290	340	390	440	490	540
L_3	138	188	238	288	338	388	438	178	224	274	308	358	408
L_4	234	284	334	384	434	484	534	284	334	384	424	474	524
L_5	98	148	198	244	294	344	394	144	194	244	268	318	368
L_6	164	214	264	312	362	412	462	212	262	312	344	394	444
L_7	234	284	334	384	434	484	534	284	334	384	424	474	524
D_1	30							30			35		
D_2	20		25					25					
M_1	4×M14	6×M14		6×M16				4×M16	6×M16				
M_2	4×M10							4×M10					

续表

代号	系　　列										
	4040	4045	4050	4055	4060	4070	4545	4550	4555	4560	4570
W	400						450				
L	400	450	500	550	600	700	450	500	550	600	700
W_1	450						550				
W_2	68						78				
W_3	260						290				
A、B	40、45、50、60、70、80、90、100、110、120、130、140、150						45、50、60、70、80、90、100、110、120、130、140、150、160、180				
C	100、110、120、130						100、110、120、130				
H_1	30	35					35				
H_2	50						60				
H_3	35						40				
50	50						60				
H_5	25						25				
H_6	30						30				
W_4	198						226				
W_5	234						264				
W_6	324						364				
W_7	330						370				
L_1	374	424	474	524	574	674	424	474	524	574	674
L_2	340	390	440	490	540	640	384	434	484	534	634
L_3	208	254	304	254	404	504	236	286	336	386	486
L_4	324	374	424	474	524	624	364	414	464	514	614
L_5	168	218	268	318	368	468	194	244	294	344	444
L_6	244	294	344	394	444	544	276	326	376	426	526
L_7	324	374	424	474	524	624	364	414	464	514	614
D_1	35						40				
D_2	25						30				
M_1	6×M16						6×M16				
M_2	4×M12						4×M12				

代号	系　列									
	5050	5055	5060	5070	5080	5555	5560	5570	5580	5590
W	500					550				
L	500	550	600	700	800	550	600	700	800	900
W_1	600					650				
W_2	88					100				
W_3	320					340				
A、B	50、60、70、80、90、100、110、120、130、140、150、160、180					70、80、90、100、110、120、130、140、150、160、180、200				
C	100、110、120、130					110、120、130、150				
H_1	35					35				
H_2	60					70				
H_3	40					40				
H_4	60					70				
H_5	25					25				
H_6	30					30				
W_4	256					270				
W_5	294					310				
W_6	414					444				
W_7	410					450				
L_1	474	524	574	674	774	520	570	670	770	870
L_2	434	484	534	634	734	480	530	630	730	830
L_3	286	336	386	486	586	300	350	450	550	650
L_4	414	464	514	614	714	444	494	594	694	794
L_5	244	294	344	444	544	220	270	370	470	570
L_6	326	376	426	526	626	332	382	482	582	682
L_7	414	464	514	614	714	444	494	594	694	794
D_1	40					50				
D_2	30					30				
M_1	6×M16				8×M16	6×M20			8×M20	
M_2	4×M12				6×M12	6×M12			8×M12	10×M12

代号	系列									
	6060	6070	6080	6090	60100	6565	6570	6580	6590	65100
W	600					650				
L	600	700	800	900	1000	650	700	800	900	1000
W_1	700					750				
W_2	100					120				
W_3	390					400				
A、B	70、80、90、100、110、120、130、140、150、160、180、200					70、80、90、100、110、120、130、140、150、160、180、200、220				
C	120、130、150、180					120、130、150、180				
H_1	35					35				
H_2	80					90				
H_3	50					60				
H_4	70					80				
H_5	25					25				
H_6	30					30				
W_4	320					330				
W_5	360					370				
W_6	494					544				
W_7	500					530				
L_1	570	670	770	870	970	620	670	770	870	970
L_2	530	630	730	830	930	580	630	730	830	930
L_3	350	450	550	650	750	400	450	550	650	750
L_4	494	594	694	794	894	544	594	694	794	894
L_5	270	370	470	570	670	320	370	470	570	670
L_6	382	482	582	682	782	434	482	582	682	782
L_7	494	594	694	794	894	544	594	694	794	894
D_1	50					50				
D_2	30					30				
M_1	6×M20	8×M20	10×M20			6×M20	8×M20		10×M20	
M_2	6×M12	8×M12	10×M12			6×M12		8×M12		10×M12

续表

代号	系列								
	7070	7080	7090	70100	70125	8080	8090	80100	80125
W	700					800			
L	700	800	900	1000	1250	800	900	1000	1250
W_1	800					900			
W_2	120					140			
W_3	450					510			
$A、B$	70、80、90、100、110、120、130、140、150、160、180、200、220、250					80、90、100、110、120、130、140、150、160、180、200、220、250、280、300			
C	150、180、200、250					150、180、200、250			
H_1	40					40			
H_2	100					120			
H_3	60					70			
H_4	90					100			
H_5	25					30			
H_6	30					40			
W_4	380					420			
W_5	420					470			
W_6	580					660			
W_7	580					660			
L_1	670	770	870	970	1220	760	860	960	1210
L_2	630	730	830	930	1180	710	810	910	1160
L_3	420	520	620	720	970	500	600	700	950
L_4	580	680	780	880	1130	660	760	860	1110
L_5	324	424	524	624	874	378	478	578	828
L_6	452	552	652	752	1002	516	616	716	966
L_7	580	680	780	880	1130	660	760	860	1110
D_1	60					70			
D_2	30					35			
M_1	8×M20		10×M20	12×M20	14×M20	8×M24		10×M24	12×M24
M_2	6×M12	8×M12	10×M12			8×M16	10×M16		

续表

代号	系列									
	9090	90100	90125	90160	100100	100125	100160	125125	125160	125200
W	900	900	900	900	100	100	100	1250	1250	1250
L	900	100	1250	1600	1000	1250	1600	1250	1600	2000
W_1	1000	1000	1000	1000	1200	1200	1200	1500	1500	1500
W_2	160	160	160	160	180	180	180	220	220	220
W_3	560	560	560	560	620	620	620	790	790	790
A、B	90、100、110、120、130、140、150、160、180、200、250、280、300、350				100、110、120、130、140、150、160、180、200、220、250、280、350、400			100、110、120、130、140、150、160、180、200、220、250、280、350、400		
C	180、200、250、300				180、200、250、300			180、200、250、300		
H_1	50	50	50	50	60	60	60	70	70	70
H_2	150	150	150	150	160	160	160	180	180	180
H_3	70	70	70	70	80	80	80	80	80	80
H_4	100	100	100	100	120	120	120	120	120	120
H_5	30	30	30	30	30、40	30、40	30、40	40、50	40、50	40、50
H_6	40	40	40	40	40、50	40、50	40、50	50、60	50、60	50、60
W_4	470	470	470	470	580	580	580	750	750	750
W_5	520	520	520	520	620	620	620	690	690	690
W_6	760	760	760	760	840	840	840	1090	1090	1090
W_7	740	740	740	740	820	820	820	1030	1030	1030
L_1	860	960	1210	1560	960	1210	1560	1210	1560	1960
L_2	810	910	1160	1510	900	1150	1500	1150	1500	1900
L_3	600	700	950	1300	650	900	1250	900	1250	1650
L_4	760	860	1110	1460	840	1090	1440	1090	1440	1840
L_5	478	578	828	1178	508	758	1108	758	1108	1508
L_6	616	716	966	1316	674	924	1274	924	1274	1674
L_7	760	860	1110	1460	840	1090	1440	1090	1440	1840
D_1	70	70	70	70	80	80	80	80	80	80
D_2	35	35	35	35	40	40	40	40	40	40
M_1	10×M24	12×M24	12×M24	14×M24	12×M24	12×M24	14×M24	12×M30	14×M30	16×M30
M_2	10×M16	10×M16	12×M16	12×M16	10×M16	12×M16	12×M16	12×M16	12×M16	12×M16

5.5　型号、系列、规格及标记

(1) 型号

　　每一组合形式代表一个型号。

(2) 系列

　　同一型号中，根据定、动模板的周界尺寸（宽×长）划分系列。

（3）规格

同一系列中，根据定、动模板和垫块的厚度划分规格。

（4）标记

按照 GB/T 12555—2006《塑料注射模模架》标准规定的模架应有下列标记：

① 模架；

② 基本型号；

③ 系列代号；

④ 定模板厚度 A，以 mm 为单位；

⑤ 动模板厚度 B，以 mm 为单位；

⑥ 垫块厚度 C，以 mm 为单位；

⑦ 拉杆导柱长度，以 mm 为单位；

⑧ 标准代号，即 GB/T 12555—2006。

（5）标记示例

① 模板宽 200mm、长 250mm，$A=50$mm，$B=40$mm，$C=70$mm 的直浇口 A 型模架标记为：

模架　　　　　　A　2025　50×40×70　GB/T 12555—2006

② 模板宽 300mm、长 300mm，$A=50$mm，$B=60$mm，$C=90$mm，拉杆导柱长度为 200mm 的点浇口 B 型模架标记为：

模架　　　　　　DB　3030—50×60×90—200　GB/T 12555—2006

5.6　塑料注射模模架技术条件（GB/T 12556—2006）

GB/T 12556—2006《塑料注射模模架技术条件》标准规定了塑料注射模模架（本节简称模架）的要求、检验、标志、包装、运输和储存，适用于塑料注射模模架。

5.6.1　要求

GB/T 12556—2006《塑料注射模模架技术条件》标准规定的塑料注射模模架的要求见表 5-10。

表 5-10　塑料注射模模架的要求

标准条目编号	内　　容
3.1	组成模架的零件应符合 GB/T 4169.1～23—2006 和 GB/T 4170—2006 的规定
3.2	组合后的模架表面不应有毛刺、擦伤、压痕、裂纹、锈斑
3.3	组合后的模架，导柱与导套及复位杆沿轴向移动应平稳，无卡滞现象，其紧固部分应牢固可靠
3.4	模架组装用紧固螺钉的力学性能应达到 GB/T 3098.1—2000 的 8.8 级
3.5	组合后的模架，模板的基准面应一致，并做明显的基准标记
3.6	组合后的模架在水平自重条件下，定模座板与动模座板的安装平面的平行度应符合 GB/T 1184—1996 中的 7 级的规定
3.7	组合后的模架在水平自重条件下，其分型面的贴合间隙为 ①模板长 400mm 以下，≤0.03mm ②模板长 400～630mm，≤0.04mm ③模板长 630～1000mm，≤0.06mm ④模板长 1000～2000mm，≤0.08mm

标准条目编号	内　　容
3.8	模架中导柱、导套的轴线对模板的垂直度应符合 GB/T 1184—1996 中的 5 级的规定
3.9	模架在闭合状态时,导柱的导向端面应凹入它所通过的最终模板孔端面。螺钉不得高于定模座板与动模座板的安装平面
3.10	模架组装后复位杆端面应平齐一致,或按顾客特殊要求制作
3.11	模架应设置吊装用螺孔,确保安全吊装

5.6.2　检验

GB/T 12556—2006《塑料注射模模架技术条件》标准规定的塑料注射模模架的检验见表 5-11。

表 5-11　塑料注射模模架的检验

标准条目编号	内　　容
4.1	组合后的模架应按表 5-10 中的要求进行检查
4.2	检验合格后应做出检验合格标志,标志应包括以下内容:检验部门、检验员、检验日期

5.6.3　标志、包装、运输、储存

GB/T 12556—2006《塑料注射模模架技术条件》标准规定的塑料注射模模架的标志、包装、运输和储存见表 5-12。

表 5-12　塑料注射模模架的标志、包装、运输和储存

标准条目编号	内　　容
5.1	模架应挂、贴标志,标志应包括以下内容:模架品种、规格、生产日期、供方名称
5.2	检验合格的模架应清理干净,经防锈处理后入库储存
5.3	模架应根据运输要求进行包装,应防潮、防止磕碰,保证在正常运输中完好无损

6.1 塑料模具材料及其选用

6.1.1 对塑料模成型零件材料的要求

塑料模成型零件材料选用的要求如下。

（1）机械加工性能良好

要选用易于切削且在加工后能得到高精度零件的钢种。为此，以中碳钢和中碳合金钢最常用，这对大型模具来说尤其重要。对需电火花加工的零件，还要求该钢种的烧伤硬化层较薄。

（2）抛光性能优良

塑料注射模成型零件工作表面，多需抛光达到镜面（$R_a \leqslant 0.05\mu m$），要求钢材硬度 35～40HRC 为宜，过硬表面会使抛光困难。钢材的显微组织应均匀致密，较少杂质，无疵瘢和针点。

（3）耐磨性和抗疲劳性能好

塑料注射模型腔不仅受高压塑料熔体冲刷，而且还受冷热交变的温度应力的作用。一般的高碳合金钢可经热处理获得高硬度，但韧性差易形成表面裂纹，不宜采用。所选钢种应使塑料注射模能减少抛光修模的次数，能长期保持型腔的尺寸精度，达到批量生产的使用寿命期限。这对注射次数 30 万次以上和纤维增强塑料的注射生产来说尤其重要。

（4）具有耐蚀性能

对有些塑料品种，如聚氯乙烯和阻燃型塑料，必须考虑选用有耐蚀性能的钢种。

6.1.2 塑料模成型零件的材料选用

热塑性塑料注射模成型零件的毛坯，凹模和主型芯以板材和模块供应。常用 50 或 55 调质钢，硬度为 250～280HB，易于切削加工，旧模修复时的焊接性能较好，但抛光性和耐磨性较差。

型芯和镶件常以棒材供应，采用淬火变形小、淬透性好的高碳合金钢，经热处理后在磨床上直接研磨至镜面。常用 9CrWMn、Cr12MoV 和 3Cr2W8V 等钢种，淬火后回火硬度大于 55HRC，有良好的耐磨性，也有采用高速钢基体的 65Nb（65Cr4W3Mo2VNb）新钢种。价廉但淬火性能差的 T8A、T10A 也可采用。

20 世纪 80 年代，我国开始引进国外生产钢种来制造塑料注射模。主要是美国 P 系列的塑料模钢种和 H 系列的热锻模钢种，如 P20、H13、P20S 和 H13S。我国已生产专用的塑料模具用钢种，并以板料和棒料供应。

(1) 预硬钢

国产 P20（3Cr2Mo）钢材，将模板预硬化后以硬度 36～38HRC 供应，抗拉强度为 1330MPa。模具制造中不必热处理，能保证加工后获得较高的形状和尺寸精度，也易于抛光，适用于中小型塑料注射模。

在预硬钢中加入硫，能改善切削性能，适合大型模具制造。国产 SM1（55CrNiMnMoVS）和 5NiSCa（5CrNiMnMoVSCa）预硬化后硬度为 35～45HRC，但切削性能类似中碳调质钢。

(2) 镜面钢

镜面钢多数是属于析出硬化钢，也称为时效硬化钢，它用真空熔炼方法生产。国产 PMS（10Ni3CuAlVS）供货硬度 30HRC，易于切削加工。这种钢在真空环境下经 500～550℃，以 5～10h 时效处理，钢材弥散析出复合合金化合物，使钢材硬化，硬度为 40～45HRC，耐磨性好且处理过程变形小。由于材质纯净，可做镜面抛光，并能光腐蚀精细图案，还有较好的电加工及抗锈蚀性能。工作温度达 300℃，抗拉强度 1400MPa。另一种析出硬化钢是 SM2（20CrNi3AlMnMo），预硬化后加工，再经时效硬化硬度可达 40～45HRC。

还有两种镜面钢各有其特点。一种是高强度的 8CrMn（8Cr5MnWMoVS），预硬后硬度为 33～35HRC，易于切削，淬火时空冷，硬度可达 42～60HRC，抗拉强度达 3000MPa，可用于大型塑料注射模以减小模具体积。另一种是可氮化高硬度钢 25CrNi3MoAl，调质后硬度 23～25HRC，时效后硬度 38～42HRC，氮化处理后表层硬度可达 70HRC 以上，用于玻璃纤维增强塑料的注射模。

(3) 耐蚀钢

国产 PCR（6Cr16Ni4Cu3Nb）属于不锈钢类，但比一般不锈钢有更高的强度、更好的切削性能和抛光性能，且热处理变形小，使用温度小于 400℃，空冷淬硬后硬度可达 42～53HRC，适用于含氯和阻燃剂的腐蚀性塑料。

塑料注射模具选用钢材时应按塑件的生产批量、塑料品种及塑件精度与表面质量要求确定，如表 6-1 所示。模具零件材料的选用与热处理方法如表 6-2 所示，部分新型塑料模具钢的热处理及其应用如表 6-3 所示。

表 6-1　注塑模具钢材选用

塑料与制品	型腔注射次数/次	适用钢种	塑料与制品	型腔注射次数/次	适用钢种
PP、HDPE 等一般塑料件	10 万左右 20 万左右 30 万左右 50 万左右	50、55 正火 50、55 调质 P20 SM1、5NiSCa	精密塑料件	20 万以上	PMS、SM1、5NiSCa
			玻璃纤维增强塑料	10 万左右 20 万以上	PMS、SMP2、25CrNi3MoAl 氮化、H13 氮化
工程塑料	10 万左右	P20	PC、PMMA、PS 透明塑料		PMS、SM2
PVC 和阻燃塑料			PCR		

表 6-2　常用模具零件材料的选用与热处理方法

模具零件	使用要求	模具材料	热处理		说明
导柱、导套	表面耐磨、有韧性、抗曲、不易折断	20、20Mn2B	渗碳淬火	≥55HRC	
		T8A、T10A	表面淬火	≥55HRC	
		45	调质，表面淬火，回火	≥55HRC	
		黄铜 H62、青铜合金			用于导套

模具零件	使用要求	模具材料	热处理		说明
成型零部件	强度高、耐磨性好、热处理变形小，有时还要求耐蚀	9Mn2V、9CrSi、CrWMn 9CrWMn、CrW、GCr15	淬火，中温回火	≥55HRC	用于制品生产批量大，强度、耐磨性要求高的模具
		Cr12MoV、4Cr5MoSiV、Cr6WV 4Cr5MoSiV1	淬火，中温回火	≥55HRC	用于生产批量大，强度、耐磨性要求高的模具，但热处理变形小，抛光性能较好
		5CrMnMo、5CrNiO3 Cr2W8V	淬火，低温回火	≥46HRC	用于成型温度、成型压力大的模具
		T8、T8A、T10、T10A T12、T12A	淬火，低温回火	≥55HRC	用于制品形状简单、尺寸不大的模具
		38CrMoAlA	调质，氮化	≥55HRC	用于耐磨性要求高并能防止热咬合的活动成型零件
		45、50、55、40Cr、42CrMo 35CrMo 40MnVB、33CrNi3MoA 30CrNi3	调质，淬火	≥55HRC	用于制品批量生产的热塑性塑料成型模具
成型零部件	强度高、耐磨性好、热处理变形小，有时还要求耐蚀	10、15、29、12CrNi2 12CrNi3、12CrNi4、20Cr 20CrMnTi、20CrNi4	渗碳淬火	≥55HRC	容易切削加工或采用塑性加工法制作小型模具的成型零部件
		铍铜			导热性优良，耐磨性好
		锌基合金、铝合金			用于制品试制或中小批量生产，可铸造成型
		球墨铸铁	正火或退火	正火 ≥200HBS 退火 ≥200HBS	用于大型模具
主流道衬套	耐磨性好，有时要求耐腐蚀	45、50、55 以及可用于成型零件的其他模具材料	表面淬火	≥55HRC	
顶杆、拉料杆等	一定的强度和耐磨性	T8、T8A、T10、T10A	淬火，低温回火	≥55HRC	
		45、50、55	淬火	≥55HRC	
各种模板、推板、固定板、模座等	一定的强度和刚度	45、50、40Cr、40MnB 40MnVB、45Mn2	调质	≥200HBS	
		结构钢 Q235～Q275			
		球墨铸铁			用于大型模具
		HT200			仅用于模座

表 6-3　部分新型塑料模具钢的热处理及其应用

钢种	国别	牌　号	热　处　理	应　　用
预硬钢	中国	5NiSCa	预硬，不用热处理	用于成型热塑性塑料的长寿命模具
	日本	SCMM445（改进）		
		SKD61（改进）		同 5NiSCa，还可用于高韧度、精密模具
		NAK55		同 5NiCa，还可用于高镜面、精密模具

续表

钢种	国别	牌　　号	热　处　理	应　用
新型淬火回火钢	日本	SKD11(改进)	1020～1030℃淬火,空冷,200～500℃回火	同 5NiSCa,还可用于高硬度、高镜面模具
	美国	H13+S	995℃淬火,540～650℃回火	同 5NiSCa,还可用于高硬度、韧度、精密模具
		P20+S	845～857℃淬火,565～620℃回火	
马氏体钢	中国	18Ni(300)	切削加工后(470～520℃)×3h 左右时效处理,空冷	用于成型中小型、精密、复杂的热塑性和热固性塑料的长寿命模具以及透明塑料制件的模具
	日本	MASIC		
	美国	18MAR300		
耐蚀钢	中国	PCR		用于各种具有较高耐蚀要求的模具零部件
	日本	NAK101	预硬,不需热处理	
		STAVAX	调质	

6.2　塑料模常用螺钉及选用

　　塑料模中的常用螺钉都是标准件,设计模具时按标准选用即可。螺钉用于固定模具零件。塑料模中广泛应用的是内六角螺钉和圆柱销钉,其中 M6～M12 的螺钉最为常用。内六角螺钉紧固牢靠,螺钉头部不外露,可以保证模具外形美观、安全。

　　塑料模中应用较多的螺钉和螺栓主要有内六角圆柱头螺钉、内六角平圆头螺钉、开槽圆柱头螺钉、内六角螺栓等,主要介绍如下。

6.2.1　内六角圆柱头螺钉

　　内六角圆柱头螺钉如图 6-1 所示,在塑料模中的应用非常广泛,可作为卸料螺钉,也可用于凹模、垫板和下模板的固定等。国标 GB/T 70.1—2000 中对其规格进行了比较详细的分类,并对每一种规格的参数做出了明确的规定,如表 6-4 所示。如螺纹规格 d=M5、公称长度 l=20mm、性能等级为 8.8 级、表面氧化的 A 级内六角圆柱头螺钉可标记为

螺钉　GB/T 70.1　M5×20

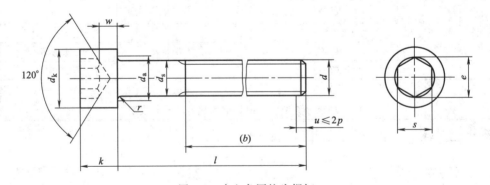

图 6-1　内六角圆柱头螺钉

表 6-4　内六角圆柱头螺钉（摘自 GB/T 70.1—2000）　　　　　　　　mm

螺纹规格 d	M1.6	M2	M2.5	M3	M4	M5	M6	M8
螺距 p	0.35	0.4	0.45	0.5	0.7	0.8	1	1.25

续表

螺纹规格 d			M1.6	M2	M2.5	M3	M4	M5	M6	M8
b参考			15	16	17	18	20	22	24	28
d_k	max	①	3.00	3.80	4.50	5.50	7.00	8.50	10.00	13.00
		②	3.14	3.98	4.68	5.68	7.22	8.72	10.22	13.27
	min		2.86	3.62	4.32	5.32	6.78	8.28	9.78	12.73
d_a max			2	2.6	3.1	3.6	4.7	5.7	6.8	9.2
d_s	max		1.60	2.00	2.50	3.00	4.00	5.00	6.00	8.00
	min		1.46	1.86	2.36	2.86	3.82	4.82	5.82	7.78
e min③			1.73	1.73	2.3	2.87	3.44	4.58	5.72	6.86
k	max		1.60	2.00	2.50	3.00	4.00	5.00	6.0	8.00
	min		1.46	1.86	2.36	2.86	3.82	4.82	5.7	7.64
r min			0.1	0.1	0.1	0.1	0.2	0.2	0.25	0.4
s	公称		1.5	1.5	2	2.5	3	4	5	6
	max	④	1.545	1.545	2.045	2.56	3.071	4.084	5.084	6.095
		⑤	1.560	1.560	2.060	2.58	3.080	4.095	5.140	6.140
	min		1.520	1.520	2.020	2.52	3.020	4.020	5.020	6.020
t min			0.7	1	1.1	1.3	2	2.5	3	4
v max			0.16	0.2	0.25	0.3	0.4	0.5	0.6	0.8
w min			0.55	0.55	0.85	1.15	1.4	1.9	2.3	2.3
l公称			2.5~16	3~20	4~25	5~30	6~40	8~50	10~60	12~80

螺纹规格 d			M10	M12	(M14)	M16	M20	M24	M30	M36
螺距 p			1.5	1.75	2	2	2.5	3	3.5	4
b参考			32	36	40	44	52	60	72	84
d_k	max	①	16.00	18.00	21.00	24.00	30.00	36.00	45.00	54.00
		②	16.27	18.27	21.33	24.33	30.33	36.39	45.39	54.46
	min		15.73	17.73	20.67	23.67	29.67	35.61	44.61	53.54
d_a max			11.2	13.7	15.7	17.7	22.4	26.4	33.4	39.4
d_s	max		10.00	12.00	14.00	16.00	20.00	24.00	30.00	36.00
	min		9.78	11.73	13.73	15.73	19.67	23.67	29.67	35.61
e min③			9.15	11.43	13.72	16	19.44	21.73	25.15	30.85
k	max		10.00	12.00	14.00	16.00	20.00	24.00	30.00	36.00
	min		9.64	11.57	13.57	15.57	19.48	23.48	29.48	35.38
r min			0.4	0.6	0.6	0.6	0.8	0.8	1	1
s	公称		8	10	12	14	17	19	22	27
	max	④	8.115	10.115	12.142	14.142	17.23	19.275	22.275	27.275
		⑤	8.175	10.175	12.212	14.212				
	min		8.025	10.025	12.032	14.032	17.05	19.065	22.065	27.065
t min			5	6	7	8	10	12	15.5	19
v max			1	1.2	1.4	1.6	2	2.4	3	3.6
w min			4	4.8	5.8	6.8	8.6	10.4	13.1	15.3
l公称			16~10	20~120	25~140	25~160	30~200	40~200	45~200	55~200

续表

螺纹规格 d			M42	M48	M56	M64
螺距 p			4.5	5	5.5	6
$b_{参考}$			96	106	124	140
d_k	max	①	63.00	72.00	84.00	96.00
		②	63.46	72.46	84.54	96.54
	min		62.54	71.54	83.46	95.46
d_a max			45.6	52.6	63	71
d_s	max		42.00	48.00	56.00	64.00
	min		41.61	47.61	55.54	63.54
e min③			36.57	41.13	46.83	52.53
k	max		42.00	48.00	56.00	64.00
	min		41.38	47.38	55.26	63.26
r min			1.2	1.6	2	2
s	公称		32	36	41	46
	max④		32.33	36.33	41.33	46.33
	min		32.08	36.08	41.08	46.08
t min			24	28	34	38
v max			4.2	4.8	5.6	6.4
w min			16.3	17.5	19	22
$l_{公称}$			60~300	70~300	80~300	90~300

①对光滑头部。②对滚花头部。③$e_{min}=1.4s_{min}$。④用于12.9级。⑤用于其他性能等级。

注：1. $l_{公称}$为商品长度规格，其尺寸系列为 2.5mm、3mm、4mm、5mm、6mm、8mm、10mm、12mm、16mm、20mm、25mm、30mm、35mm、40mm、45mm、50mm、55mm、60mm、65mm、70mm、80mm、90mm、100mm、110mm、120mm、130mm、140mm、150mm、160mm、180mm、200mm、220mm、240mm、260mm、280mm、300mm。

2. 力学性能等级的选择：对于钢，$d<3$mm 时根据协议；3mm$\leq d\leq39$mm 时选 8.8、10.9、12.9；$d>39$mm 时根据协议。对于不锈钢（参考国际 GB/T 3098.6—2000），$d\leq24$mm 时选 A2-70、A4-70；24mm$\leq d\leq39$mm 时选 A2-50、A4-50；$d>39$mm 时根据协议；有色金属 CU2、CU3（参考国际 GB/T 3098.10—93）。

6.2.2 内六角平圆头螺钉

内六角平圆头螺钉形状和尺寸如图 6-2 所示，GB/T 70.2—2000 对其规格和尺寸进行了详细的规定，如表 6-5 所示。如螺纹规格 $d=$M12、公称长度 $l=$40mm、性能等级为 12.9级、表面氧化的 A 级内六角平圆头螺钉可标记为

螺钉 GB/T 70.2 M12×40

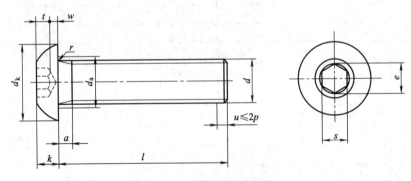

图 6-2 内六角平圆头螺钉

表 6-5　内六角平圆头螺钉（摘自 GB/T 70.2—2000）　　　　　　　　mm

螺纹规格 d		M3	M4	M5		M6	M8	M10	M12	M16
螺距 p		0.5	0.7	0.8		1	1.25	1.5	1.75	2
a	max	1.0	1.4	1.6		2	2.50	3.0	3.50	4
	min	0.5	0.7	0.8		1	1.25	1.5	1.75	2
d_a	max	3.6	4.7	5.7		6.8	9.2	11.2	14.2	18.2
d_k	max	5.7	7.60	9.50		10.50	14.00	17.50	21.00	28.00
	min	5.4	7.24	9.14		10.07	13.57	17.07	20.48	27.48
$e^{①}$	min	2.3	2.87	3.44		4.58	5.72	6.86	9.15	11.43
k	max	1.65	2.20	2.75		3.3	4.4	5.5	6.60	8.80
	min	1.40	1.95	2.50		3.0	4.1	5.2	6.24	8.44
r	min	0.1	0.2	0.2		0.25	0.4	0.4	0.6	0.6
s	公称	2	2.5	3		4	5	6	8	10
	max ②	2.045	2.56	3.071		4.084	5.084	6.095	8.115	10.115
	max ③	2.060	2.58	3.080		4.095	5.140	6.140	8.175	10.175
	min	2.020	2.52	3.020		4.020	5.020	6.020	8.025	10.025
t	min	1.04	1.3	1.56		2.08	2.6	3.12	4.16	5.2
w	min	0.2	0.3	0.38		0.74	1.05	1.45	1.63	2.25
$l_{公称}$		6～12	8～16	10～30		10～30	10～40	16～40	16～50	20～50
力学性能等级（钢）	8.8 最小拉力载荷/N	3220	5620	9080		12900	23400	37100	53900	100000
	10.9	4180	7300	11800		16700	30500	48200	70200	130000
	12.9	4910	8560	13800		19600	35700	56600	82400	154000

① $e_{min}=1.14s_{min}$。
② 用于 12.9 级。
③ 用于其他性能等级。
注：$l_{公称}$ 为商品长度规格，其尺寸系列为 6mm、8mm、10mm、12mm、16mm、20mm、25mm、30mm、35mm、40mm、45mm、50mm。

6.2.3　螺钉的许用载荷

螺钉的许用载荷如表 6-6 所示。

表 6-6　螺钉的许用载荷

规格	轴向许用载荷/kgf		扳手最大许用转矩/kgf·cm	规格	轴向许用载荷/kgf		扳手最大许用转矩/kgf·cm
	无预先锁紧	在载荷下锁紧			无预先锁紧	在载荷下锁紧	
M4				M16	3300	2500	800
M5				M20	5200	4000	1600
M6	400	310	40	M24	7500	5800	2800
M8	740	580	95	M30	9200	9200	5500
M10	1180	920	180	M36	17500	13500	9700
M12	1720	1320	320				

注：表中螺钉材料为 35 钢计算值。

6.2.4 螺钉的选用原则

在模具设计中，选用螺钉时应注意以下几个方面。

（1）根据模板厚度

螺钉主要承受拉应力，其尺寸及数量一般根据模板厚度和其他的设计经验来确定，中、小型模具一般采用 M6、M8、M10 或 M12 等，大型模具可选 M12、M16 或更大规格，但是选用过大的螺钉也会给攻螺纹带来困难。根据模板厚度来确定螺钉规格时可以参考表 6-7。

表 6-7　螺钉规格的选用

凹模厚度 H/mm	≤13	13～19	19～25	25～32	>35
螺钉规格	M4，M5	M5，M6	M6，M8	M8，M10	M10，M12

螺钉要按具体位置尽量在被固定件的外形轮廓附近均匀布置。当被固定件为圆形时，一般采用 3～4 个螺钉，当为矩形时，一般采用 4～6 个。

（2）螺钉拧入深度

螺钉拧入的深度不能太浅，否则紧固不牢靠；也不能太深，否则拆装工作量大。对于较常用的规格，表 6-8 列出了内六角螺钉孔的尺寸。

表 6-8　内六角螺钉孔的尺寸　　　　　　mm

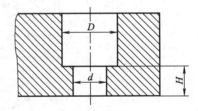

螺钉孔尺寸	螺钉直径						
	M6	M8	M10	M12	M16	M20	M24
d	7	9	11.5	13.5	17.5	21.5	25.5
D	11	13.5	16.5	19.5	25.5	31.5	37.5
H	3～25	4～35	5～45	6～55	8～75	10～85	12～95

螺钉和销钉的装配尺寸、螺钉孔最小深度以及圆柱的配合长度见图 6-3。螺钉之间、螺钉与销钉之间的距离，螺钉、销钉距离工作表面及外边缘的距离，均不应过小，以防降低强

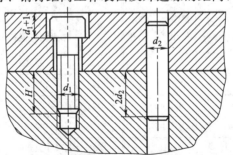

图 6-3　塑料模螺钉、销钉的装配尺寸

对于钢，$H=d_1$；对于铸铁，$H=1.5d_1$

度，其最小距离见表 6-9，可供设计时参考。

表 6-9 螺钉孔、销钉孔的最小距离 mm

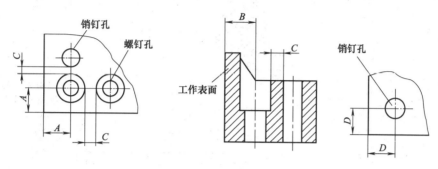

螺钉孔		M6	M8	M10	M12	M16	M20	M24
A	淬火	10	12	14	16	20	25	30
	不淬火	8	10	11	13	16	20	25
B	淬火	12	14	17	19	24	28	35
C	淬火				5			
	不淬火				3			
销钉孔		$\phi 4$	$\phi 6$	$\phi 8$	$\phi 10$	$\phi 12$	$\phi 16$	$\phi 20$
D	淬火	7	9	11	12	15	16	20
	不淬火	4	6	7	8	10	13	16

6.3 塑料模常用销钉

6.3.1 销钉的装配

　　塑料模常用销钉按类型来说主要有圆柱销和圆锥销两类。圆柱销按照制作材料可分为不淬火硬钢和奥氏体不锈钢圆柱销以及淬硬钢和马氏体不锈钢圆柱销两类，按照有无内螺纹可分为普通圆柱销和内螺纹圆柱销两类。圆锥销则分为普通圆锥销和内螺纹圆锥销。

　　塑料模中的销钉用于连接两个带通孔的零件，起定位作用，承受一般的错移力。同一个组合的圆柱销不少于 2 个，尽量置于被固定件的外形轮廓附近，一般离模具刃口较远且尽量错开布置，以保证定位可靠。对于中、小型模具，一般直径有 6mm、8mm、10mm、12mm 等几种尺寸。错移力较大的情况可适当选大一些的尺寸。圆柱销的配合深度一般不小于其直径的 2 倍，但也不宜太深。

　　螺钉和销钉的装配尺寸、螺钉旋进的最小深度、螺钉孔最小深度以及圆柱销的配合长度见图 6-3。螺钉之间、螺钉与销钉之间的距离，螺钉、销钉距离工作表面及外边缘的距离，均不应过小，以防降低强度，其最小距离见表 6-9，可供设计时参考。圆柱销钉孔的形式及其装配尺寸如表 6-10 所示。

表 6-10　圆柱销钉孔的形式及其装配尺寸

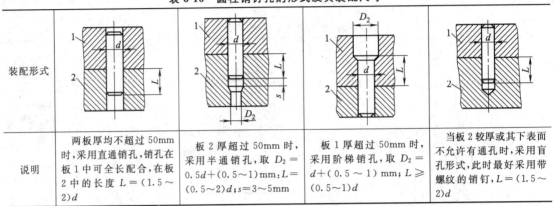

装配形式				
说明	两板厚均不超过 50mm 时，采用直通销孔，销孔在板 1 中可全长配合，在板 2 中的长度 $L=(1.5 \sim 2)d$	板 2 厚超过 50mm 时，采用半通销孔，取 $D_2 = 0.5d+(0.5 \sim 1)$ mm；$L=(0.5 \sim 2)d$；$s=3 \sim 5$mm	板 1 厚超过 50mm 时，采用阶梯销孔，取 $D_2 = d+(0.5 \sim 1)$ mm；$L \geqslant (0.5 \sim 1)d$	当板 2 较厚或其下表面不允许有通孔时，采用盲孔形式，此时最好采用带螺纹的销钉，$L=(1.5 \sim 2)d$

6.3.2　普通圆柱销

普通圆柱销如图 6-4 所示，其材料一般选用不淬硬钢和奥氏体不锈钢，规格由 GB/T 119.1—2000 规定，如表 6-11 所示。

表 6-11　不淬硬钢和奥氏体不锈钢普通圆柱销（摘自 GB/T 119.1—2000）　　mm

d(m6/h8)	0.6	0.8	1	1.2	1.5	2	2.5	3	4	5	6	8	10	12	16	20	25	30	40	50
$c \approx$	0.12	0.16	0.2	0.25	0.3	0.35	0.4	0.5	0.63	0.8	1.2	1.6	2	2.5	3	3.5	4	5	6.3	8
l(商品长度范围)	2~6	2~8	4~10	4~12	4~16	6~20	6~24	8~30	8~40	10~50	12~60	14~80	18~95	22~140	26~180	35~200	50~200	60~200	80~200	95~200

注：1. l 系列（公称尺寸，单位均为 mm）为 2，3，4，5，6，8，10，12，14，16，18，20，22，24，26，28，30，32，35，40，45，50，55，60，65，70，75，80，85，90，95，100，120，140，160，180，200。公称长度大于 200mm，按 20mm 递增。

2. 硬度：不淬硬钢为 125~245HV30；奥氏体不锈钢为 210~280HV30。

3. 表面粗糙度：公差 m6，$R_a \leqslant 0.8 \mu$m；公差 h8，$R_a \leqslant 1.6 \mu$m。

标记示例：公称直径 $d=6$mm、公差为 m6、公称长度 $l=30$mm，材料为钢，不经淬火、不经表面处理的圆柱销，标记为

销　GB/T 119.1　6m6×30

公称直径 $d=6$mm、公差为 m6、公称长度 $l=30$mm，材料为 A1 组奥氏体不锈钢、表面简单处理的圆柱销，标记为

销　GB/T 119.1　6m6×30-A1

6.3.3　普通圆锥销

普通圆锥销如图 6-5 所示，其尺寸规格由 GB/T 117—2000 规定，如表 6-12 所示。

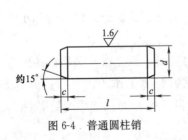

图 6-4　普通圆柱销

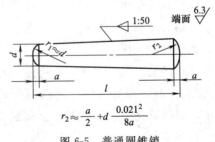

$$r_2 \approx \frac{a}{2} + d \frac{0.021^2}{8a}$$

图 6-5　普通圆锥销

表 6-12 普通圆锥销（摘自 GB/T 119.1—2000） mm

d(h10)	0.6	0.8	1	1.2	1.5	2	2.5	3	4	5
$a\approx$	0.08	0.1	0.12	0.16	0.2	0.25	0.3	0.4	0.5	0.63
l （商品长度范围）	4~8	5~12	6~16	6~20	8~24	10~35	10~35	12~45	14~55	18~60
d(h10)	6	8	10	12	16	20	25	30	40	50
$a\approx$	0.8	1	1.2	1.6	2	2.5	3	4	5	6.3
l （商品长度范围）	22~90	22~120	26~160	32~180	40~200	45~200	50~200	55~200	60~200	65~200

注：1. l 系列（公称尺寸，单位均为 mm）为 2, 3, 4, 5, 6, 8, 10, 12, 14, 16, 18, 20, 22, 24, 26, 28, 30, 32, 35, 40, 45, 50, 55, 60, 65, 70, 75, 80, 85, 90, 95, 100, 120, 140, 160, 180, 200。公称长度大于 200mm，按 20mm 递增。

2. 材料：Y12、Y15、35（28~38HRC）、45（38~46HRC）、30CrMnSiA（35~41HRC）、1Cr13、2Cr13、Cr17Ni2、0Cr18Ni9Ti。

3. A 型（磨削）：锥面表面粗糙度 $R_a=0.8\mu m$；B 型（切削或冷镦）：锥面表面粗糙度 $R_a=3.2\mu m$。

标记示例：公称直径 $d=6mm$、公称长度 $l=30mm$、材料为 35 钢、热处理硬度 28~38HRC、表面氧化处理的 A 型圆锥销，标记为

销 GB/T 117 6×30

6.4 塑件的尺寸精度和表面粗糙度

6.4.1 塑件的尺寸

塑件尺寸在这里指的是塑件的总体尺寸，而不是壁厚、孔径等结构尺寸。塑件尺寸大小与塑件流动性有关。在注射成型中，流动性差的塑料如玻璃纤维增强塑料等及薄壁塑件等的尺寸不能设计得过大。大而薄的塑件在塑料未充满型腔时已经固化，或勉强能充满但料的前锋已不能很好融合而形成冷接缝，影响塑件的外观和结构强度。注射成型的塑件尺寸还受注射机的注射量、锁模力和模板尺寸的限制。

6.4.2 塑件的尺寸精度

塑件的尺寸精度是指所获得的塑件尺寸与产品的设计尺寸的符合程度，即所获塑件尺寸的准确度。影响塑件尺寸精度的因素很多，首先是模具的制造精度和模具的磨损程度，其次是塑料收缩率的波动以及成型时工艺条件的变化，塑件成型后的时效变化和模具的结构形状等。因此，塑件的尺寸精度往往不高，应在保证使用要求的前提下尽可能选用低精度等级。

塑件的尺寸公差可依据 GB/T 14486—1993《工程塑料模塑塑料件尺寸公差》标准确定，见表 6-13。该标准将塑件分成 7 个精度等级，表 6-13 中 MT1 级精度要求较高，一般不采用。表 6-13 只列出了公差值，基本尺寸的上、下偏差可根据工程的实际需要分配。表 6-13 还分别给出了受模具活动部分影响的尺寸公差值和不受模具活动部分影响的尺寸公差值。此外，对于塑件上的孔的公差可采用基准孔，可取表中数值冠以"＋"号，对于塑件上轴的公差可采用基准轴，可取表中数值冠以"－"号。在塑件材料和工艺条件一定的情况下，应参照表 6-14 合理地选用精度等级。

表6-13　工程塑料模塑料件尺寸公差表（GB/T 14486—1993）

mm

公差等级	公差种类	大于 0 到 3	3 6	6 10	10 14	14 18	18 24	24 30	30 40	40 50	50 65	65 80	80 100	100 120
		基本尺寸												
		标注公差的尺寸公差值												
MT1	A	0.07	0.08	0.09	0.10	0.11	0.12	0.14	0.16	0.18	0.20	0.23	0.26	0.29
	B	0.14	0.16	0.18	0.20	0.21	0.22	0.24	0.26	0.28	0.30	0.33	0.36	0.39
MT2	A	0.10	0.12	0.14	0.16	0.18	0.20	0.22	0.24	0.26	0.30	0.34	0.38	0.42
	B	0.20	0.22	0.24	0.26	0.28	0.30	0.32	0.34	0.36	0.40	0.44	0.48	0.52
MT3	A	0.12	0.14	0.16	0.18	0.20	0.24	0.28	0.32	0.36	0.40	0.46	0.52	0.58
	B	0.32	0.34	0.36	0.38	0.40	0.44	0.48	0.52	0.56	0.60	0.66	0.72	0.78
MT4	A	0.16	0.18	0.20	0.24	0.28	0.32	0.36	0.42	0.48	0.56	0.64	0.72	0.82
	B	0.36	0.38	0.40	0.44	0.48	0.52	0.56	0.62	0.68	0.76	0.84	0.92	1.02
MT5	A	0.20	0.24	0.28	0.32	0.38	0.44	0.50	0.56	0.64	0.74	0.86	1.00	1.14
	B	0.40	0.44	0.48	0.52	0.58	0.64	0.70	0.76	0.84	0.94	1.06	1.20	1.34
MT6	A	0.26	0.32	0.38	0.46	0.54	0.62	0.70	0.80	0.94	1.10	1.28	1.48	1.72
	B	0.46	0.52	0.58	0.68	0.74	0.82	0.90	1.00	1.14	1.30	1.48	1.68	1.92
MT7	A	0.38	0.48	0.58	0.68	0.78	0.88	1.00	1.14	1.32	1.54	1.80	2.10	2.40
	B	0.58	0.68	0.78	0.88	0.98	1.08	1.20	1.34	1.52	1.74	2.00	2.30	2.60
		未注公差的尺寸允许偏差												
MT5	A	±0.10	±0.12	±0.14	±0.16	±0.19	±0.22	±0.25	±0.28	±0.32	±0.37	±0.43	±0.50	±0.57
	B	±0.20	±0.22	±0.24	±0.26	±0.29	±0.32	±0.35	±0.38	±0.42	±0.47	±0.53	±0.60	±0.67
MT6	A	±0.13	±0.16	±0.19	±0.23	±0.27	±0.31	±0.35	±0.40	±0.47	±0.55	±0.64	±0.74	±0.86
	B	±0.23	±0.26	±0.29	±0.33	±0.37	±0.41	±0.45	±0.50	±0.57	±0.65	±0.74	±0.84	±0.96
MT7	A	±0.19	±0.24	±0.29	±0.34	±0.39	±0.44	±0.50	±0.57	±0.66	±0.77	±0.90	±1.05	±1.20
	B	±0.29	±0.34	±0.39	±0.44	±0.49	±0.54	±0.60	±0.67	±0.76	±0.87	±1.00	±1.15	±1.30

续表

标注公差的尺寸公差值

公差等级	公差种类	基本尺寸											
		大于 120	140	160	180	200	225	250	280	315	355	400	450
		到 140	160	180	200	225	250	280	315	355	400	450	500
MT1	A	0.32	0.36	0.40	0.44	0.48	0.52	0.56	0.60	0.64	0.70	0.78	0.86
	B	0.42	0.46	0.50	0.54	0.58	0.62	0.66	0.70	0.74	0.80	0.88	0.96
MT2	A	0.46	0.50	0.54	0.60	0.65	0.72	0.76	0.84	0.92	1.00	1.10	1.20
	B	0.56	0.60	0.64	0.70	0.75	0.82	0.86	0.94	1.02	1.10	1.20	1.30
MT3	A	0.64	0.70	0.78	0.86	0.92	1.00	1.10	1.20	1.30	1.44	1.60	1.74
	B	0.84	0.90	0.98	1.06	1.12	1.20	1.30	1.40	1.50	1.64	1.80	1.94
MT4	A	0.92	1.02	1.12	1.24	1.35	1.48	1.62	1.80	2.00	2.20	2.40	2.60
	B	1.12	1.22	1.32	1.44	1.55	1.68	1.82	2.00	2.20	2.40	2.60	2.80
MT5	A	1.28	1.44	1.60	1.76	1.92	2.10	2.30	2.50	2.80	3.10	3.50	3.90
	B	1.48	1.64	1.80	1.96	2.12	2.30	2.50	2.70	3.00	3.30	3.70	4.10
MT6	A	2.00	2.20	2.40	2.60	2.90	3.20	3.50	3.80	4.30	4.70	5.30	6.00
	B	2.20	2.40	2.60	2.80	3.10	3.40	3.70	4.00	4.50	4.90	5.50	6.20
MT7	A	2.70	3.00	3.30	3.70	4.10	4.50	4.90	5.40	6.00	6.70	7.40	8.20
	B	3.10	3.20	3.50	3.90	4.30	4.70	5.10	5.60	6.20	6.90	7.60	8.40

未注公差的尺寸允许偏差

公差等级	公差种类	120~140	140~160	160~180	180~200	200~225	225~250	250~280	280~315	315~355	355~400	400~450	450~500
MT5	A	±0.64	±0.72	±0.80	±0.88	±0.96	±1.05	±1.15	±1.25	±1.40	±1.55	±1.75	±1.95
	B	±0.74	±0.82	±0.90	±0.98	±1.06	±1.15	±1.25	±1.35	±1.50	±1.65	±1.85	±2.05
MT6	A	±1.00	±1.10	±1.20	±1.30	±1.45	±1.60	±1.75	±1.90	±2.15	±2.35	±2.65	±3.00
	B	±1.10	±1.20	±1.30	±1.40	±1.55	±1.70	±1.85	±2.00	±2.25	±2.45	±2.75	±3.10
MT7	A	±1.35	±1.50	±1.65	±1.85	±2.05	±2.25	±2.45	±2.70	±3.00	±3.35	±3.70	±4.10
	B	±1.45	±1.60	±1.75	±1.95	±2.15	±2.35	±2.55	±2.80	±3.10	±3.45	±3.80	±4.20

塑料模具课程设计指导与范例

表6-14 常用材料模塑件公差等级和选用（GB/T 14486—1993）

材料代号	模 塑 材 料		公差等级		
			标注公差尺寸		未注公差尺寸
			高精度	一般精度	
ABS	丙烯腈-丁二烯-苯乙烯共聚物		MT2	MT3	MT5
AS	丙烯腈-苯乙烯共聚物		MT2	MT3	MT5
CA	醋酸纤维素塑料		MT3	MT4	MT6
EP	环氧树脂		MT2	MT3	MT5
PA	尼龙类塑料	无填料填充	MT3	MT4	MT6
		玻璃纤维填充	MT2	MT3	MT5
PBTP	聚对苯二甲酸丁二醇酯	无填料填充	MT3	MT4	MT6
		玻璃纤维填充	MT2	MT3	MT5
PC	聚碳酸酯		MT2	MT3	MT5
PDAP	聚邻苯二甲酸二丙烯酯		MT2	MT3	MT5
PE	聚乙烯		MT5	MT6	MT7
PESU	聚醚砜		MT2	MT3	MT5
PETP	聚对苯二甲酸乙二醇酯	无填料填充	MT3	MT4	MT6
		玻璃纤维填充	MT2	MT3	MT5
PF	酚醛塑料		MT2	MT3	MT5
			MT3	MT4	MT6
PMMA	聚甲基丙烯酸甲酯		MT2	MT3	MT5
POM	聚甲醛		MT3	MT4	MT6
			MT4	MT5	MT7
PP	聚丙烯		MT3	MT4	MT6
			MT2	MT3	MT5
			MT2	MT3	MT5
PPO	聚苯醚		MT2	MT3	MT5
PS	聚苯乙烯		MT2	MT3	MT5
PSU	聚砜		MT2	MT3	MT5
RPVC	硬质聚氯乙烯(无强塑剂)		MT2	MT3	MT5
SPVC	软质聚氯乙烯		MT5	MT6	MT7
VF/MF	氨基塑料和氨基酚醛塑料	无机填料填充	MT2	MT3	MT5
		有机填料填充	MT3	MT4	MT6

6.4.3 塑件的表面粗糙度

塑件的外观要求越高，表面粗糙度值应越低。成型时要尽可能从工艺上避免冷疤、云纹等缺陷产生，除此之外，塑件的外观主要取决于模具型腔表面粗糙度。一般，模具型腔表面粗糙度值要比塑件的要求低1~2级。模具在使用过程中，由于型腔磨损而使表面粗糙度值不断加大，所以应随时予以抛光复原。透明塑件要求型腔和型芯的表面粗糙度相同，而不透明塑件则根据使用情况决定。塑件的表面粗糙度可参照 GB/T 14234—1993《塑料件表面粗糙度标准》选取（见表 6-15），一般取 $R_a = 1.6 \sim 0.2 \mu m$。

表 6-15　注射成型不同塑料时所能达到的表面粗糙度（GB/T 14234—1993）

材　料		R_a 参数值范围/μm										
		0.025	0.05	0.10	0.20	0.4	0.8	1.6	3.2	6.3	12.5	25
热塑性塑料	PMMA	—	—	—	—	—						
	ABS	—	—	—	—							
	AS	—	—	—	—							
	聚碳酸酯		—	—	—							
	聚苯乙烯		—	—	—	—			—	—		
	聚丙烯			—	—	—						
	尼龙			—	—	—						
	聚乙烯				—	—				—	—	
	聚甲醛		—	—	—							
	聚砜				—	—						
	聚氯乙烯				—	—						
	氯化聚醚				—	—						
热固性塑料	氨基塑料				—	—						
	酚醛塑料				—	—			—			
	硅铜塑料				—	—						

6.5　塑料螺纹不计收缩率时可以配合的极限长度

塑料螺纹不计收缩率时可以配合的极限长度如表 6-16 所示。

表 6-16　塑料螺纹不计收缩率时可以配合的极限长度　　　　　　　　　mm

公称直径	螺距	中径公差	收缩率/%								
			0.2	0.5	0.8	1.0	1.2	1.5	1.8	2.0	2.5
M3	0.5	0.12	26	10.4	6.5	5.2	4.3	3.5	2.9	2.6	2.2
M4	0.7	0.14	32.5	13	8.1	6.5	5.4	4.3	3.6	3.3	2.8
M5	0.8	0.15	34.5	13.8	8.6	6.9	5.8	4.6	3.8	3.5	3.0
M6	1.0	0.17	38	15	9.4	7.5	6.3	5.0	4.2	3.8	3.3
M8	1.25	0.19	43.5	17.4	10.9	8.7	7.3	5.8	4.8	4.4	3.8
M10	1.5	0.21	46	18.4	11.5	9.2	7.7	6.1	5.1	4.8	4.0
M12	1.75	0.22	49	19.6	12.3	9.8	8.2	6.5	5.4	5.1	4.0
M16	2.0	0.24	52	20.8	13	10.4	8.7	6.9	5.8	5.2	4.2
M20	2.5	0.27	57.5	23	14.4	11.5	9.6	7.1	6.4	5.8	4.4
M24	3.0	0.29	64	25.4	15.9	12.7	10.6	8.5	7.1	6.4	4.6
M30	3.5	0.31	66.5	26.6	16.6	13.3	11	8.9	7.4	6.7	4.8
M36	4.0	0.35	70	30	18.5	14.2	14.4	9.3	7.7	7.1	5.2

6.6　弹簧的计算与选用

在塑料模具中，弹簧由于能够承受较大的交变载荷，所以被广泛应用。

在塑料模中应用较多的是圆柱形压缩弹簧和碟形弹簧。碟形弹簧具有变形量小、承载负荷大和结构紧凑的特点，适用于承载力大、结构尺寸受到限制的卸料、推件机构。

6.6.1　圆柱形压缩弹簧

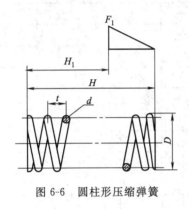

图 6-6　圆柱形压缩弹簧

图 6-6 所示为圆柱形压缩弹簧，图中：

H——弹簧在自由状态的高度，mm；

H_1——弹簧受最大工作负荷的高度，mm；

F_1——最大工作负荷，N；

D——弹簧外径，mm；

d——钢丝直径，mm；

t——弹簧节距，mm。

常用圆柱形压缩弹簧受力和变形度见表 6-17。

表 6-17　圆柱形压缩弹簧受力和变形度

弹簧外径 D/mm	钢丝直径 d/mm											
	1	1.5	2	2.5	3	3.5	4	4.5	5	6	7	8
	$\dfrac{P}{f}=\dfrac{许可载荷}{弹簧每圈变形度}\Big/\dfrac{\text{N}}{\text{mm}}$											
10	$\dfrac{22}{1.7}$	$\dfrac{77}{1.0}$	$\dfrac{190}{0.48}$	$\dfrac{440}{0.44}$	$\dfrac{750}{0.35}$							
12	$\dfrac{17}{2.5}$	$\dfrac{62}{1.5}$	$\dfrac{150}{1.1}$	$\dfrac{310}{0.75}$	$\dfrac{590}{0.56}$	$\dfrac{1000}{0.44}$						
15	$\dfrac{14}{4.1}$	$\dfrac{49}{2.6}$	$\dfrac{120}{1.7}$	$\dfrac{240}{1.3}$	$\dfrac{440}{1.0}$	$\dfrac{720}{0.8}$	$\dfrac{1120}{0.65}$	$\dfrac{1700}{0.51}$				
20	$\dfrac{10}{7.5}$	$\dfrac{35}{4.7}$	$\dfrac{85}{3.4}$	$\dfrac{170}{2.6}$	$\dfrac{310}{2.0}$	$\dfrac{510}{1.6}$	$\dfrac{770}{1.3}$	$\dfrac{1150}{1.1}$	$\dfrac{1600}{0.94}$	$\dfrac{3000}{0.69}$		
25		$\dfrac{23}{7.8}$	$\dfrac{66}{5.5}$	$\dfrac{125}{4.4}$	$\dfrac{240}{3.4}$	$\dfrac{390}{2.7}$	$\dfrac{570}{2.3}$	$\dfrac{850}{2.0}$	$\dfrac{1200}{1.7}$	$\dfrac{2250}{1.4}$	$\dfrac{3700}{0.98}$	
30			$\dfrac{55}{8.2}$	$\dfrac{106}{6.2}$	$\dfrac{194}{5.0}$	$\dfrac{320}{4.1}$	$\dfrac{470}{3.5}$	$\dfrac{670}{3.1}$	$\dfrac{970}{2.6}$	$\dfrac{1750}{2.0}$	$\dfrac{2850}{1.6}$	
35			$\dfrac{46}{11.2}$	$\dfrac{94}{8.7}$	$\dfrac{162}{7.2}$	$\dfrac{260}{6.0}$	$\dfrac{400}{5.1}$	$\dfrac{560}{4.4}$	$\dfrac{810}{3.7}$	$\dfrac{1940}{2.9}$	$\dfrac{2350}{2.4}$	$\dfrac{3700}{1.9}$
40				$\dfrac{81}{11.9}$	$\dfrac{144}{9.6}$	$\dfrac{230}{8.0}$	$\dfrac{340}{6.9}$	$\dfrac{500}{5.9}$	$\dfrac{700}{5.1}$	$\dfrac{1250}{4.1}$	$\dfrac{2000}{3.3}$	$\dfrac{3100}{2.2}$
45					$\dfrac{125}{12.2}$	$\dfrac{200}{10.2}$	$\dfrac{300}{8.7}$	$\dfrac{440}{7.9}$	$\dfrac{610}{6.7}$	$\dfrac{1100}{5.3}$	$\dfrac{1750}{4.4}$	$\dfrac{2700}{3.6}$
50						$\dfrac{180}{13.0}$	$\dfrac{270}{11.2}$	$\dfrac{390}{9.7}$	$\dfrac{540}{8.5}$	$\dfrac{960}{6.7}$	$\dfrac{1550}{5.6}$	$\dfrac{2400}{4.6}$

（1）弹簧标记

按 $D \times d \times H$ 标记。右旋弹簧不需注明旋向。

标记示例：弹簧外径 $D = 30mm$，钢丝直径 $d = 2mm$，自由状态高度 $H = 50mm$ 的右旋弹簧，标记为

$$\phi30 \times \phi2 \times 50$$

标准弹簧的自由状态高度数值为"5"进制，有 15mm、20mm、25mm 和 35mm、40mm、45mm、50mm、55mm、60mm 等。

（2）弹簧选用

弹簧选用要点为：

① 根据模具结构，确定可能选用的弹簧外径 D 和自由状态的高度 H。

② 根据设计确定每个弹簧所需承受的力，确定标准弹簧许可载荷的大小，许可载荷应大于弹簧所需承受的力。

③ 确定弹簧的预压缩量。弹簧在预压缩量时的弹力 P 应与弹簧所需承受的力相等。

④ 弹簧预压缩量与所选弹簧要求的工作行程之和应小于弹簧在允许载荷下的最大变形度（压缩量）。

⑤ 如所选弹簧不能满足弹力要求，可采用双层弹簧。使用双层弹簧时，内、外圈弹簧的旋向应不同，一个为右旋，另一个为左旋。

⑥ 在结构尺寸允许范围内选用的圆柱形弹簧，不能满足弹力要求时，应改用碟形弹簧。

6.6.2 碟形弹簧

碟形弹簧是用弹簧钢板冲制而成的，结构如图 6-7 所示。

常用碟形弹簧规格尺寸见表 6-18。

标记示例：外径 $D = 22mm$，中孔直径 $d = 10.5mm$ 的碟形弹簧，标记为

碟形弹簧　$\phi22 \times \phi10.5$

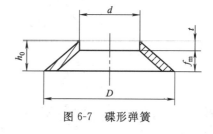

图 6-7　碟形弹簧

表 6-18　碟形弹簧规格

序号	D(h14) 公称尺寸/mm	允差/mm	d(H14) 公称尺寸/mm	允差/mm	t/mm 允差 +0.10 −0.03	f_m/mm 允差 +0.4 −0.2	h_0/mm 允差 +0.5 −0.3	容许行程 允差 +0.26 −0.13	容许行程下的负载 P/N ±0.1P	每100件质量(约)/kg
1	16	0 −0.43	8.5	+0.36 0	1.0	0.5	1.5	0.32	1500	0.12
2	22	0 −0.52	10.5	+0.43 0	1.5	0.5	2.0	0.32	2700	0.35
3	30	0 −0.52	15	+0.43 0	1.0	1.0	2.0	0.65	1400	0.43
4	30	0 −0.52	15	+0.43 0	2.0	0.6	2.6	0.39	5500	0.85
5	32	0 −0.62	10	+0.43 0	2.0	0.9	2.9	0.58	6100	1.20
6	35	0 −0.62	15	+0.43 0	1.5	1.0	2.5	0.65	2800	0.95
7	40	0 −0.62	20	+0.52 0	1.0	1.5	2.5	0.97	1300	0.80
8	40	0 −0.62	25	+0.52 0	2.5	0.8	3.3	0.52	9900	1.58

续表

序号	D(h14) 公称尺寸 /mm	D(h14) 允差 /mm	d(H14) 公称尺寸 /mm	d(H14) 允差 /mm	t/mm 允差 +0.10 -0.03	f_m /mm 允差 +0.4 -0.2	h_0 /mm 允差 +0.5 -0.3	容许 行程 允差 +0.26 -0.13	容许行程 下的负载 P/N ±0.1P	每100件 质量(约) /kg
9	45	0 -0.62	25	+0.52 0	1.5	1.5	3.0	0.97	3200	1.30
10	45		20		3.0	1.0	4.0	0.65	14500	2.60
11	50		20		2.0	1.5	3.5	0.97	4600	2.60
12	50		30		3.0	1.0	4.0	0.65	12500	3.90

注：1. 材料 65Mn。

2. 热处理 40～45HRC。

碟形弹簧必须成对使用，图 6-8 所示为常用的两种安装方法。

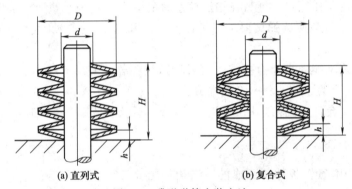

(a) 直列式   (b) 复合式

图 6-8   碟形弹簧安装方法

6.7 聚氨酯弹性体

塑料模具中常用的聚氨酯弹性体尺寸如表 6-19 所示，常用的聚氨酯弹性体压缩量与工作负荷的关系如表 6-20 所示。

表 6-19 聚氨酯弹性体尺寸   mm

D	16	20	25		32			45				60		
d	6.5		8.5		10.5			12.5				16.5		
H		12	16	20	16	20	25	20	25	32	40	20	25	32	40	50
D_1	21	26	33		42			58				78		

注：1. D_1 为 $F=0.3H$ 时的参考尺寸。

2. 弹性体的尺寸按 GB 1084—79 中的 IT15 级的精度制造。

表 6-20　聚氨酯弹性体压缩量与工作负荷的关系

压缩量 F /mm	聚氨酯弹性体直径 D/mm									
	16	20	25	32	45			60		
	工作负荷/N									
0.1H	170	300	450	700	1720	1630	1680	2980	2880	2700
0.2H	400	620	1020	1720	3720	3580	3580	7260	6520	6050
0.3H	690	1080	1840	2940	6520	6200	6000	12710	11730	10800
0.35H	880	1390	2360	3800	8360	7930	7680	16290	15040	13830

注：表中数值按聚氨酯橡胶邵氏硬度 A 为 80±5 确定，其他硬度聚氨酯橡胶的工作负荷用修正系数乘以表中数值。修正系数的值如下。

邵氏硬度 A	75	76	77	78	79	80	81	82	83	84	85
修正系数	0.843	0.873	0.903	0.934	0.996	1.000	1.035	1.074	1.116	1.212	1.270

6.8　常用材料的性能

6.8.1　常用材料的弹性模量、切变模量及泊松比

常用材料的弹性模量、切变模量及泊松比如表 6-21 所示。

表 6-21　常用材料的弹性模量、切变模量及泊松比

名称	弹性模量 E/GPa	切变模量 G/GPa	泊松比 μ	名称	弹性模量 E/GPa	切变模量 G/GPa	泊松比 μ
镍铬钢、合金钢	2.6	79.38	0.3	横纹木材	0.5~0.98	0.44~0.64	
碳钢	196~206	79	0.3	橡胶	0.00784		0.47
铸钢	172~202		0.3	电木	1.96~2.94	0.69~2.06	0.35~0.38
球墨铸铁	140~154	73~76	0.3	可锻铸铁	152		
灰铸铁、白口铸铁	113~157	44	0.23~0.27	拔制铝线	69		
冷拔纯钢	127	48		大理石	55		
轧制青铜	113	41	0.32~0.35	花岗石	48		
轧制纯钢	108	39	0.31~0.34	石灰石	41		
轧制锰青铜	108	39	0.35	尼龙 1010	1.07		
硬铝青铜	108	41	0.3	夹布酚醛塑料	4~8.8		
冷拔黄铜	89~97	34~36	0.32~0.42	石棉酚醛塑料	1.3		
轧制锌	82	31	0.27	高压聚乙烯	0.15~0.25		
硬铝合金	70	26	0.3	低压聚乙烯	0.49~0.78		
轧制铝	68	25~26	0.32~0.36	聚丙烯	1.32~1.42		
铝	17	7	0.42	硬聚氯乙烯	3.14~3.92		
玻璃	55	22	0.25	聚四氟乙烯	1.14~1.42		
混凝土	14~39	4.9~15.7	0.1~0.18	赛璐珞	1.71~1.89	0.69~0.98	0.4
纵纹木材	9.8~12	0.5					

6.8.2　常用材料的摩擦因数

常用材料的摩擦因数如表 6-22 所示。

表 6-22　常用材料的摩擦因数

摩擦副材料	摩擦因数 μ		摩擦副材料	摩擦因数 μ	
	无润滑	有润滑		无润滑	有润滑
钢-钢	0.15①	0.1～0.12①	青铜-黄铜	0.6	—
	0.10②	0.05～0.1②	青铜-青铜	0.15-0.20	0.04-0.10
钢-软钢	0.2	0.1～0.2	青铜-钢	0.16	—
钢-不淬火的 T8 钢	0.15	0.03	青铜-酚醛树脂层压材	0.23	—
钢-铸铁	0.2～0.3①	0.05～0.15	青铜-钢纸	0.24	—
	0.16～0.18②		青铜-塑料	0.21	—
钢-黄铜	0.19	0.03	青铜-硬橡胶	0.36	—
钢-青铜	0.15～0.18	0.1～0.15①	青铜-石板	0.33	—
		0.07②	青铜-绝缘物	0.26	—
钢-铝	0.17	0.02	铝-不淬火的 T8 钢	0.18	0.03
钢-轴承合金	0.2	0.04	铝-淬火的 T8 钢	0.17	0.02
钢-夹布胶木	0.22	—	铝-黄铜	0.27	0.02
钢-粉末冶金材料	0.35～0.55①	—	铝-青铜	0.22	—
钢-冰	0.027①	—	铝-钢	0.30	0.02
	0.014②	—	铝-酚醛树脂层压材	0.26	—
石棉基材料-铸铁或钢	0.25～0.40	0.08～0.12	硅铝合金-酚醛树脂层压材	0.34	—
皮革-铸铁或钢	0.30～0.50	0.12～0.15			
木材(硬木)-铸铁或钢	0.20～0.35	0.12～0.16	硅铝合金-钢纸	0.32	—
软木-铸铁或钢	0.30～0.50	0.15～0.25	硅铝合金-树脂	0.28	—
钢纸-铸铁或钢	0.30～0.50	0.12～0.17	硅铝合金-硬橡胶	0.25	—
毛毡-铸铁或钢	0.22	0.18	硅铝合金-石板	0.26	—
软钢-铸铁	0.2①,0.18②	0.05～0.15	硅铝合金-绝缘物	0.26	—
软钢-青铜	0.2①,0.18②	0.07～0.15	木材-木材	0.4～0.6①	0.10①
铸铁-铸铁	0.15	0.15～0.16①		0.2～0.5②	0.07～0.10②
		0.07～0.12②	麻绳-木材	0.5～0.8①	—
铸铁-青铜	0.28①	0.16①		0.50②	
	0.15～0.21②	0.07～0.15②	45 淬火钢-聚甲醛	0.46	0.016
铸铁-皮革	0.55①,0.28②	0.15①,0.12②	45 淬火钢-聚碳酸酯	0.30	0.03
铸铁-橡胶	0.8	0.5	45 淬火钢-尼龙 9 (加 3% MoS₂ 填充料)	0.57	0.02
橡胶-橡胶	0.5	—			
皮革-木料	0.4,0.5①	—	45 淬火钢-尼龙 9(加 30%玻璃纤维填充物)	0.48	0.023
	0.03,0.05②	—			
铜-T8 钢	0.15	0.03	45 淬火钢-尼龙 1010 (加 30%玻璃纤维填充物)	0.039	—
钢-铜	0.20	—			
黄铜-不淬火的 T8 钢	0.19	0.03	45 淬火钢-尼龙 1010(加 40%玻璃纤维填充物)	0.07	—
黄铜-淬火的 T8 钢	0.14	0.02			
黄铜-黄铜	0.17	0.02	45 淬火钢-氧化聚醚	0.35	0.034
黄铜-钢	0.30	0.02			
黄铜-硬橡胶	0.25	—	45 淬火钢-苯乙烯-丁二烯-丙烯腈共聚体(ABS)	0.35～0.46	0.018
黄铜-石板	0.25	—			
黄铜-绝缘物	0.27	—			
青铜-不淬火的 T8 钢	0.16	—			

① 静摩擦因数。

② 动摩擦因数。

注：1. 表中滑动摩擦因数是摩擦表面为一般情况时的试验数值，由于实际工作条件和试验条件不同，表中的数据只能作计算参考。

2. 除标注外，其余材料动、静摩擦因数二者兼之。

6.8.3　常用金属材料密度

常用金属材料的密度如表 6-23 所示。

表 6-23　常用金属材料的密度

t·m⁻³

材料名称	密度	材料名称	密度	材料名称	密度
灰铸铁	7.25	石墨	2～2.2	胶木	1.3～1.4
白口铸铁	7.55	石膏	2.2～2.24	电玉	1.45～1.55
可锻铸铁	7.3	凝固水泥块	3.05～3.15	聚氯乙烯	1.35～1.4
工业纯铁	7.87	混凝土	1.8～2.45	聚苯乙烯	1.05～1.07
铸钢	7.8	硅藻土	2.2	聚乙烯	0.92～0.95
钢材	7.85	普通黏土砖	1.7	聚四氟乙烯	2.1～2.3
高速钢	8.3～8.7	黏土耐火砖	2.1	聚丙烯	0.9～0.91
不锈钢、合金钢	7.9	石英	2.5	聚甲醛	1.41～1.43
硬质合金	14.8	大理石	2.6～2.7	聚苯醚	1.06～1.07
硅钢片	7.55～7.8	石灰石	2.6	聚砜	1.24
紫铜	8.9	花岗岩	2.63	赛璐珞	1.35～1.4
黄铜	8.4～8.85	金刚石	3.5～3.6	有机玻璃	1.18～1.19
铝	2.7	金刚砂	4	泡沫塑料	0.2
锡	7.29	普通刚玉	3.85～3.9	玻璃钢	1.4～2.1
钛	4.51	白刚玉	3.9	尼龙	1.04～1.15
金	19.32	碳化硅	3.1	ABS 树脂	1.02～1.08
银	10.5	云母	2.7～3.1	石棉板	11.3
镁	1.74	沥青	0.9～1.5	橡胶石棉板	1.5～2.0
锌板	7.3	石蜡	0.9	石棉线	0.45～0.55
铅板	11.37	工业用毛毡	0.3	石棉布制动带	2
工业镍	8.9	纤维蛇纹石	2.2～2.4	橡胶夹布传动带	0.8～1.2
镍钢合金	8.8	石棉		磷酸	1.78
铝基轴承合金	7.34～7.75	角闪石石棉	3.2～3.3	盐酸	1.2
无锡青铜	7.5～8.2	工业橡胶	1.3～1.8	硫酸(87%)	1.8
铅基轴承合金	9.33～10.67	平胶板	1.6～1.8	硝酸	1.54
磷青铜	8.8	皮革	0.4～1.2	酒精	0.8
镁合金	1.74～1.81	软钢纸板	0.9	汽油	0.66～0.75
锌铝合金	6.3～6.9	纤维纸板	1.3	煤油	0.78～0.82
铝镍合金	2.7	酚醛树脂层压板	1.3	柴油	0.83
软木	0.1～0.4	平板玻璃	2.5	石油(原油)	0.82
木材(含水 15%)	0.4～0.75	实验器皿玻璃	2.45	各类机油	0.9～0.95
胶合板	0.56	耐高温玻璃	2.23	变压器油	0.88
刨花板	0.6	石英玻璃	2.2	汞	13.55
竹材	0.9	陶瓷	2.3～2.45	水(4℃)	1
木炭	0.3～0.5	碳化钙(电石)	2.22	空气(20℃)	0.0012

注：表内数值为 $t=20℃$ 的数值，部分是近似值。

6.9　常用计算公式

6.9.1　常用金属材料质量计算公式

常用金属材料质量计算公式（每千只质量）如下。

圆钢质量（kg）=0.00617×直径×直径×长度

方钢质量（kg）=0.00785×边宽×边宽×长度

六角钢质量（kg）＝0.0068×对边宽×对边宽×长度

八角钢质量（kg）＝0.0065×对边宽×对边宽×长度

螺纹钢质量（kg）＝0.00617×计算直径×计算直径×长度

角钢质量（kg）＝0.00785×（边宽＋边宽－边厚）×边厚×长度

扁钢质量（kg）＝0.00785×厚度×边宽×长度

钢管质量（kg）＝0.02466×壁厚×（外径－壁厚）×长度

钢板质量（kg）＝7.85×厚度×面积

圆紫铜棒质量（kg）＝0.00698×直径×直径×长度

圆黄铜棒质量（kg）＝0.00668×直径×直径×长度

圆铝棒质量（kg）＝0.0022×直径×直径×长度

方紫铜棒质量（kg）＝0.0089×边宽×边宽×长度

方黄铜棒质量（kg）＝0.0085×边宽×边宽×长度

方铝棒质量（kg）＝0.0028×边宽×边宽×长度

六角紫铜棒质量（kg）＝0.0077×对边宽×对边宽×长度

六角黄铜棒质量（kg）＝0.00736×边宽×对边宽×长度

六角铝棒质量（kg）＝0.00242×对边宽×对边宽×长度

紫铜板质量（kg）＝0.0089×厚×宽×长度

黄铜板质量（kg）＝0.0085×厚×宽×长度

铝板质量（kg）＝0.00171×厚×宽×长度

圆紫铜管质量（kg）＝0.028×壁厚×（外径－壁厚）×长度

圆黄铜管质量（kg）＝0.0267×壁厚×（外径－壁厚）×长度

圆铝管质量（kg）＝0.00879×壁厚×（外径－壁厚）×长度

注：公式中长度单位为米（m），面积单位为平方米（m²），其余单位均为毫米（mm）。

6.9.2　常用金属材料体积计算公式

① 圆球体

$$V=\frac{4}{3}\pi R^3=\frac{1}{6}\pi d^3$$

② 正圆柱体

$$V=\pi r^2 h$$

③ 斜截圆柱体

$$V=\frac{1}{2}\pi r^2 (h_2+h_1)$$

④ 平截正圆柱体

$$V=\frac{1}{3}\pi h(R^2+Rr+r^2)$$

⑤ 正圆锥体

$$V=\frac{1}{3}\pi r^2 h$$

⑥ 球面扇形体

$$V=\frac{2}{3}\pi r^2 h$$

⑦ 棱锥体

$$V = \frac{1}{12}na^2 h \cos\frac{\alpha}{2}$$

⑧ 平截长方棱锥体

$$V = \frac{h}{3}(2ab + ab_1 + a_1 b + a_1 b_1)$$

⑨ 空心圆柱体

$$V = \frac{1}{4}\pi h(D^2 - d^2)$$

⑩ 平截空心圆锥体

$$V = \frac{1}{12}\pi h(D_2^2 - D_1^2 + D_2 d_2 - D_1 d_1 + d_2^2 - d_1^2)$$

⑪ 球缺

$$V = \frac{1}{6}\pi h^2\left(r - \frac{h}{3}\right)$$

⑫ 球台

$$V = \frac{1}{6}\pi h(3r_2^2 + 3r_1^2 + h^2)$$

⑬ 楔形体

$$V = \frac{1}{6}bh(2a + a_1)$$

⑭ 圆环

$$V = 2\pi^2 R r^2$$

⑮ 筒体

$$V = \frac{1}{12}\pi l(2D^2 + d^2)$$

⑯ 椭圆球

$$V = \frac{4}{3}abc\pi$$

6.10 塑料的收缩率

6.10.1 影响塑料收缩率的主要因素

影响塑料收缩率的主要因素如表 6-24 所示。

表 6-24 影响塑料收缩率的主要因素

影 响 因 素		收 缩 率	方向性收缩差
塑料种类	无定形塑料	比结晶性料小	比结晶性料小
	结晶度大	大	大
	热膨胀系数大	大	—
	易吸水、含挥发物多	大	—
	含玻璃纤维及矿物填料	小	方向性明显，收缩差

续表

影 响 因 素		收 缩 率	方向性收缩差
塑件形状	厚壁	大	—
	薄壁	小	大
	外形	小	—
	内孔	大	—
	形状复杂	小	—
	形状简单	大	—
	有嵌件	小	小
	包紧型芯直径方向	小	—
	与型芯平径方向	大	—
模具结构	浇口断面积大	小	大
	限制性浇口	大	小
	非限制性浇口	小	大
	距浇口位置远的部分	大	大
	与料流方向平行的尺寸	大	—
	与料流方向垂直的尺寸	小	—
	距浇口位置近的部分	小	大
	模温不均	—	大
成型工艺	注塞式注射机	大	大
	注射速度高	对收缩率影响较小 稍微有增大倾向	—
	料温高	随料温升高而增加	—
	模温高	大	—
	注射压力高	小	大
	保压压力高	小	小
	冷却速度快	大	大
	冷却时间长	小	小
	填充时间长	小	大
	脱模慢	小	小
	结晶性料退火处理	小	小

6.10.2　常用塑料的收缩率

常用塑料的收缩率如表 6-25 所示。

表 6-25 常用塑料的收缩率

塑 料 种 类	收缩率/%	塑 料 种 类	收缩率/%
聚乙烯(低密度)	1.5～3.5	聚丙烯	1.0～2.5
聚乙烯(高密度)	1.5～3.0	聚丙烯(玻璃纤维增强)	0.4～0.8
聚氯乙烯(硬质)	0.6～1.5	尼龙 1010	0.5～4.0
聚氯乙烯(半硬质)	0.6～2.5	醋酸纤维素	1.0～1.5
聚氯乙烯(软质)	1.5～3.0	醋酸丁酸纤维素	0.2～0.5
聚氯乙烯(通用)	0.6～0.8	丙酸纤维素	0.2～0.5
聚苯乙烯(耐热)	0.2～0.8	聚丙烯酸酯类塑料(通用)	0.2～0.9
聚苯乙烯(增韧)	0.3～0.6	聚丙烯酸酯类塑料(改性)	0.5～0.7
ABS(抗冲)	0.3～0.8	聚乙烯-醋酸乙烯	1.0～3.0
ABS(耐热)	0.3～0.8	氟塑料 F-4	1.0～1.5
ABS(30%玻璃纤维增强)	0.3～0.6	氟塑料 F-3	1.0～2.5
聚甲醛	1.2～3.0	氟塑料 F-2	2
聚碳酸酯	0.5～0.8	氟塑料 F-46	2.0～5.0
聚砜	0.5～0.7	酚醛塑料(木粉填料)	0.5～0.9
聚砜(玻璃纤维增强)	0.4～0.7	酚醛塑料(石棉填料)	0.2～0.7
聚苯醚	0.7～1.0	酚醛塑料(云母填料)	0.1～0.5
改性聚苯醚	0.5～0.7	酚醛塑料(棉纤维填料)	0.3～0.7
氯化聚醚	0.4～0.8	酚醛塑料(玻璃纤维填料)	0.05～0.2
尼龙 6	0.8～2.5	脲醛塑料(纸浆填料)	0.6～1.3
尼龙 6(30%玻璃纤维增强)	0.35～0.45	脲醛塑料(木粉填料)	0.7～1.2
尼龙 9	1.5～2.5	三聚氰胺甲醛(纸浆填料)	0.5～0.7
尼龙 11	1.2～1.5	三聚氰胺甲醛(矿物填料)	0.4～0.7
尼龙 66	1.5～2.2	聚邻苯二甲酸二丙烯酯(石棉填料)	0.28
尼龙 66(30%玻璃纤维增强)	0.4～0.55	聚邻苯二甲酸二丙烯酯(玻璃纤维增强)	0.42
尼龙 610	1.2～2.0	聚间苯二甲酸二丙烯酯(玻璃纤维增强)	0.3～0.4
尼龙 610(30%玻璃纤维增强)	0.35～0.45		

6.11 成型零部件壁厚的经验数据

6.11.1 矩形型腔的壁厚经验数据

矩形型腔的壁厚经验数据如表 6-26 所示。

6.11.2 圆形型腔的壁厚经验数据

圆形型腔的壁厚经验数据如表 6-27 所示。

6.11.3 型腔的底壁厚度经验数据

如图 6-9 所示，型腔底壁厚度 t_h 的经验数据见表 6-28。

表 6-26 矩形型腔的壁厚经验数据   mm

型腔宽度 a	整体式型腔	镶拼式型腔	
	型腔壁厚 S	型腔壁厚 S_1	模套壁厚 S_2
<40	25	9	22
40~50	25~30	9~10	22~25
50~60	30~35	10~11	25~28
60~70	35~42	11~12	28~35
70~80	42~48	12~13	35~40
80~90	48~55	13~14	40~45
90~100	55~60	14~15	45~50
100~120	60~72	15~17	50~60
120~140	72~85	17~19	60~70
140~160	85~95	19~21	70~78

表 6-27 圆形型腔的壁厚经验数据   mm

型腔直径 d	整体式型腔	镶拼式型腔	
	型腔壁厚 S	型腔壁厚 S_1	模套壁厚 S_2
≤40	20	7	18
40~50	20~22	7~8	18~20
50~60	22~28	8~9	20~22
60~70	28~32	9~10	22~25
70~80	32~38	10~11	25~30
80~90	38~40	11~12	30~32
90~100	40~45	12~13	32~35
100~120	45~52	13~16	35~40
120~140	52~58	16~17	40~45
140~160	58~65	17~19	45~50

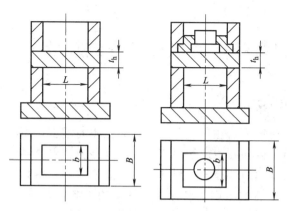

图 6-9 型腔底壁厚度示意图

表 6-28 型腔底壁厚度的经验数据

B/mm	b≈L	b≈1.5L	b≈2L
≤102	$t_h=(0.12\sim0.13)b$	$t_h=(0.1\sim0.11)b$	$t_h=0.08b$
>102~300	$t_h=(0.13\sim0.15)b$	$t_h=(0.11\sim0.12)b$	$t_h=(0.08\sim0.09)b$
>300~500	$t_h=(0.15\sim0.17)b$	$t_h=(0.12\sim0.13)b$	$t_h=(0.09\sim0.10)b$

注：当压力 $p_M < 39MPa$，$L > 1.5B$ 时，表中数值乘以 $1.25\sim1.35$；当压力 $p_M < 49MPa$，$L > 1.5B$ 时，表中数值乘以 $1.5\sim1.6$。

6.12　常用塑料的溢边值

常用塑料的溢边值如表 6-29 所示。

表 6-29 常用塑料的溢边值　　　　　　　　mm

塑料代号	溢 边 值	塑料代号	溢 边 值
LDPE/HDPE	0.02/0.04	POM	0.03
PP	0.03	PMMA	0.03
SPVC/HPVC	0.03/0.06	ABS	0.04
PS	0.04	PC	0.06
PA	0.03	PSF	0.08

6.13　排气槽断面积的推荐值

排气槽断面积的推荐值如表 6-30 所示。

表 6-30 排气槽断面积的推荐值

断面积 F'/mm^2	断面尺寸(槽宽×槽深)/mm	断面积 F'/mm^2	断面尺寸(槽宽×槽深)/mm
0.2	5×0.04	0.8~1.0	10×0.10
0.2~0.4	6×0.06	1.0~1.5	10×0.15
0.4~0.6	8×0.07	1.5~2.0	12×0.20
0.6~0.8	8×0.08		

6.14　塑料注射机的选用与模具安装尺寸

6.14.1　塑料注射机的选用

随着工业的发展，生产中需注射成型的塑料制品不断增多，而注射成型必须用塑料注射模在塑料注射机上进行。因而在生产塑料制品、设计塑料注射模具时，选用合适的塑料注射机是一项必不可少的工作。所选择的塑料注射机与塑件大小、模具结构、型腔数目、位置等因素有关。在准备塑料制品的生产、设计塑料注射模的各阶段都要考虑选择塑料注射机的问题。

6.14.1.1　塑料注射机的选用原则与方法

塑料注射机选用的总原则是技术上先进，经济上合理，确保产品质量。以此来全面衡量机器的技术经济特性，并以下列因素为选择依据。

① 机器的生产效率。包括塑料注射机的注射量、循环时间和自动化程度。

② 成型制品的质量。以注射制品的内在质量和外在质量来考核。内在质量包括成型制品的物理和化学性能及其均匀性；外在质量为制品的几何形状、尺寸、外观和色泽等。成型制品的质量主要取决于塑料注射机的熔融性能、熔融作用过程、物料在机内的塑化以及混合和分散的机能。注射成型制品质量的好坏与选择的机型、螺杆以及工艺配方、原料质量、模具和加工工艺条件的控制都有直接关系。

③ 功率消耗。塑料注射机的功率消耗主要由注射螺杆的驱动功率和加热功率构成。以高效、低能耗塑料注射机为优选机型。

④ 机器的使用寿命。主要取决于螺杆、料筒和减速器的磨损情况以及传动箱止推轴承的使用寿命。设计、选料和制造精良的塑化部件、传动减速系统和自控系统，虽然使机组投资增加，但机组使用寿命长，维修费用低，产品质量好。

⑤ 塑料注射机的通用性和专用性。要求加工范围广，宜选用通用性强的塑料注射机，如通用型螺杆塑料注射机；如用户加工产品单一，宜选用专用塑料注射机，如单注射多模位塑料注射机等。专用塑料注射机有可能使机器性能优异，产品质量提高，自动化程度高，造价也较便宜，因此经济性好。

塑料注射机的选用一般可按三步法进行：首先是塑料注射机形式的选择，其次是注射螺杆形式的选择；然后再按照生产规模和产品质量要求确定塑料注射机的主要技术参数。

6.14.1.2　塑料注射机形式的选择

注射机按外形特征可分为卧式、立式、角式和特殊式四大类。若工厂厂房较为宽敞，生产一般性的塑料制品，又要求具有较高的自动化程度，宜选用卧式塑料注射机；若工厂车间面积受到一定限制，又加工尺寸较小的多嵌件制品，从嵌件的安装定位角度考虑，宜选择注射量小的立式塑料注射机；对于一些小型的、又要求加工中心部分不允许留有浇口痕迹的平面制品，较多地选用角式塑料注射机；有些塑料制品的冷却定型时间较长，或对于安放嵌件需要较长辅助时间的大批量塑料制品的生产，为了能充分发挥注射装置的塑化能力，一般选用特殊形式的塑料注射机，如多模转盘式塑料注射机。

6.14.1.3　根据产品要求选择塑料注射机的主要技术参数

塑料注射机生产厂家给出的产品样本上，有关的设备性能分别记载在注射装置、合模装置和各附属装置等功能类别内。当准备选用塑料注射机时，应综合考虑以下几方面的性能，以最终决定是否可以使用该设备。

① 根据成型制品的大小（尺寸、质量），估算是否有足够的成型能力。

② 是否有足够的位置来安装准备使用的模具。

③ 是否有足够快的操作速度以达到预定的成型周期。

(1) 与塑料制品的大小有关的性能

① 注射量。根据塑件的尺寸和材料计算出塑件的最大质量 m_g，再加上浇注系统塑料的质量 m_j，即为一次注射到模具内所需的塑料量，考虑到注射系数，应增大 25% 左右。因为塑料注射机的注射量是以聚苯乙烯塑料为标准的，因此，若加工其他材料的塑料制品，应根据其密度换算成聚苯乙烯料的质量，再根据型腔数 N 来选择注射量，即

$$m_{max} = (Nm_g + m_j) \times 1.25$$

② 注射压力。不同尺寸和形状的塑料制品，以及不同的塑料品种，所需的注射压力是不相同的。应根据塑料的注射成型工艺来确定塑件的注射压力，所选择的塑料注射机的最大注射压力应能满足该制品的成型需要。

③ 合模力。注射成型时，熔体在模具型腔内的压力很高，其作用在模具上的压力也很大，易使模具沿分型面胀开。首先应根据加工条件，确定模腔压力，作用在分型面上力的大小等于塑件和浇注系统在分型面上投影面积之和乘以型腔内熔体的压力。所选的塑料注射机的额定合模力应大于作用在分型面上的力。

(2) 与模具大小有关的尺寸

塑料注射机型号繁多，安装模具的各种尺寸也不相同，在设计塑料注射模和选择塑料注射机时必须考虑喷嘴尺寸、定位圈大小、模厚、模板上安装螺钉孔的位置与尺寸等因素。一般来说，模具外形尺寸应在塑料注射机动、定模板所规定的安装模具的尺寸范围内；模具厚度应在塑料注射机规定的最大和最小模厚范围内。所选的塑料注射机的开合模行程必须大于制品最大高度的 2 倍以上。

(3) 与成型周期有关的性能

塑料注射机动作的快慢常用空循环时间这一指标来表示。它是指不供给塑料注射机原料，使机器以最高速度无负荷空运转时，每个循环所需的实际动作时间。使用时可根据制品生产量的大小来选定。

综上所述，选择塑料注射机时要遵守以下原则：

① 用户要依据生产规模选择塑料注射机的台数和型号。

② 依制品结构、材料的性质选择塑料注射机的类型、螺杆形式和主要技术参数，两者需彼此相适应，以求确保产品的产量和质量。

③ 选择的塑料注射机的类型、型号和规格应符合塑料注射机产品样本等技术资料的规定，否则按专用或特殊机处理。

由于选择塑料注射机时所需考虑的各项技术参数较多，它们之间又是互相制约的，要尽量同时满足各方面的要求。

6.14.2 塑料注射机安装模具尺寸

常用塑料注射机安装模具有关尺寸见图 6-10～图 6-18。

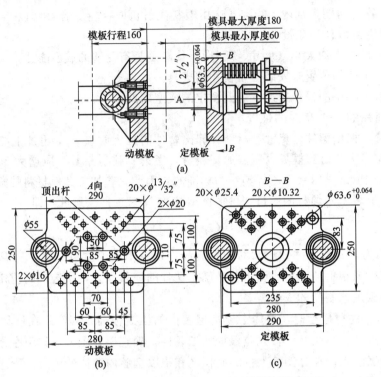

图 6-10　XS-ZS-22，XS-Z-30 型注射机

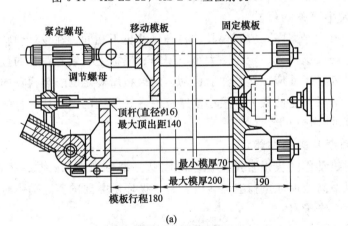

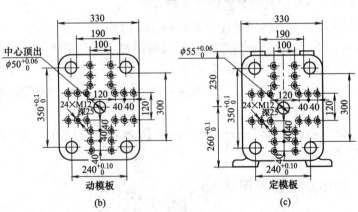

图 6-11　XS-ZY-60 型注射机

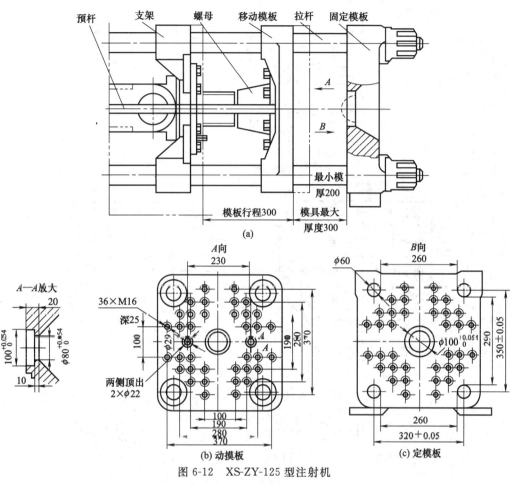

图 6-12 XS-ZY-125 型注射机

图 6-13 G54-S200/400 型注射机

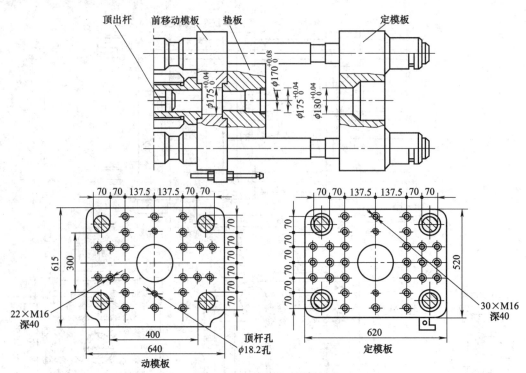

图 6-14　SZY-300 型注射机

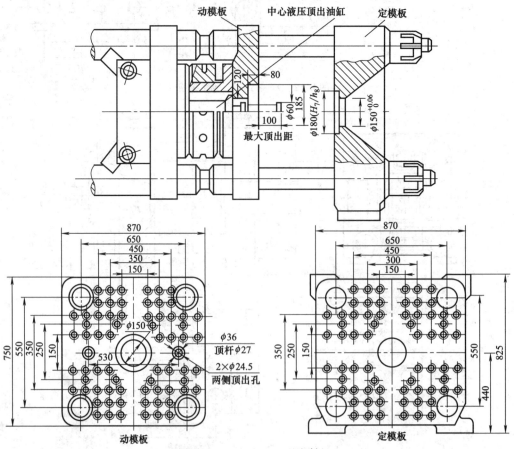

图 6-15　XS-ZY-500 型注射机

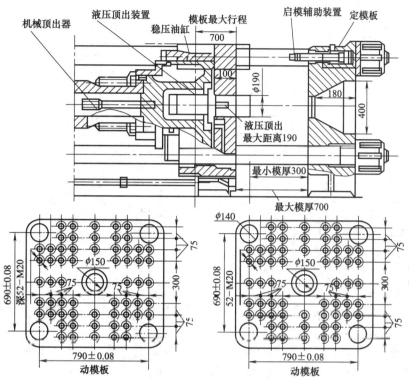

图 6-16　XS-ZY-1000 型注射机

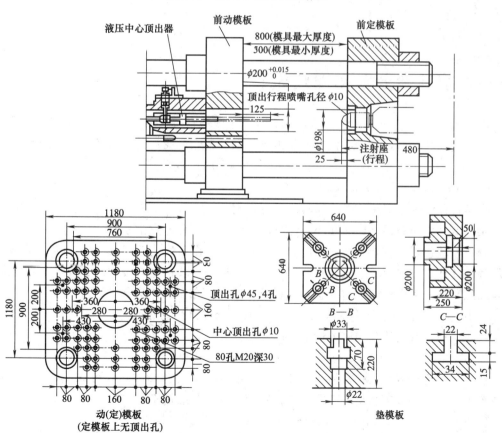

图 6-17　SZY-2000 型注射机

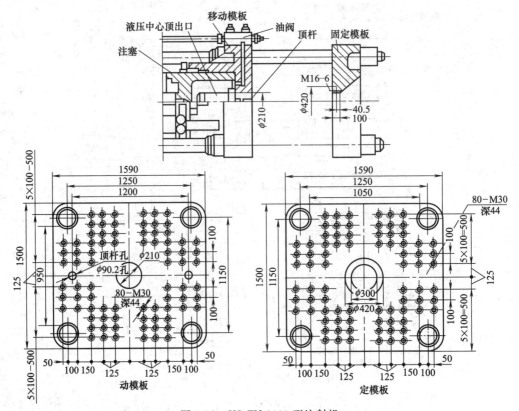

图 6-18　XS-ZY-1000 型注射机

6.15　模具专业常用网络站点

① http：//plasticmould. net/index. htm（中国塑料模具网）

专业模具行业信息网站，提供产品供求信息，企业名录，塑料收索，展会信息等。

② http：//www. plasticmachine. com（中国塑料机械网）

③ http：//www. mould. net. cn

模具行业咨询、产品信息，模具设计等资料。

④ http：//nmcad. sjtu. edu. cn（国家模具 CAD 工程研究中心）

合作领域包括：在模具 CAD/CAM 方面进行合作研究、开发和成果转让；在温、冷、挤压等塑性加工方法领域进行合作研究、开发和成果转让；模具特种加工技术。接受国内外来料加工，来样生产；同国内外企业、科研单位进行合作研究或合资经营。

⑤ http：//www. cdmia. com. cn/contentl. htm（模具业标准）

收录了模具行业涉及的有关标准文献信息。

⑥ http：//www. mei. mei. net. cn（大行业产品数据库）

涵盖了农业机械、工程机械、仪器仪表、石化通用、重型矿山、机床工具、电工电器、机械基础件、食品包装、汽车工业、其他民用等领域产品信息。

⑦ http：//www. china. machine365. com

业内企业信息、产品信息、专业技术等。

⑧ http：//www. pm-info. com/nems/news. asp（轻工模具网）

中国最具专业的模具网站，内容包含模具新闻、产品信息、模具工艺、行业标准、市场动态等。

⑨ http：//www. moldinfo. net（模具信息网）

涵盖企业名录、行业动态、模具技术、供求信息、模具论坛等。其分类索引包含：注射模具、冲压模具、压铸模具、特种模具、其他模具、电加工设备、机加工设备、备件耗材、刀具工具 CAD/CAM 软件、模具材料、模具配件、专业加工、成型机械、模制产品、行业协会、媒体展会、科研培训、测绘设计、其他相关等。

⑩ http：//molds. uhome. net（中国模具工业网）

模具信息交流的专业站点，内容有模具技术文章发表、常见问题解决互助、模具相关资料、物品提供、BBS、模具公司连接、模具软件、网站推荐、软件下载等。

⑪ http：//www. e-mold. com. cn/yianfa. htm（亿模在线）

注射模软件的发展可划分为三个阶段，第一个阶段是开发独立运行的注射过程模拟软件，第二阶段是二维模具设计软件与模拟软件的集成，第三阶段是三维模具设计和制造软件与软件模拟的集成。该站点主要介绍几个发展阶段的工作内容、特点及发展趋向。

⑫ http：//www. machineinfo. com（中国机械信息网）

⑬ http：//mouldsky. 363. net（塑料模具天地）

模具类专业技术网站，为模具从业人员提供一个自由交流的空间；及时传递模具行业技术信息，招聘信息。

⑭ http：//www. csymap. com/jijie/index24. html（商业地图）

提供全国各个模具制造公司的网址及友情链接。

⑮ http：//www. cimtshow. com（中国国际机械展览会-产品数据库）

⑯ http：//www. cadstudy. net/show. asp（CADstudy. net 资讯网）

是全面系统学习计算机辅助机械设计的专业网站。提供软件应用、下载，技术交流，学术论文等。

⑰ http：//www. nb360. com/company/project. asp（南北人才网）

提供模具行业各种解决方案。

⑱ http：//www. china-machine. com. cn/default. asp（中国机械网）

⑲ http：//www. hymouldinfo. com（台湾模具信息网）

提供模具设计台湾名站。

⑳ http：//www. asia-handware. com（五洲五金资源）

内容涵盖模具材料、模具类生产厂家精选、工业用品企业大全、亚洲五金资源工业大全汇集、大中华的弹簧、减速机、螺纹与紧固件、轴承、模具、模具材料、密封件等六大门类产品的主要生产厂家。

㉑ http：//dir. online. sh. cn（上海热线）

提供各模具站点地址大全。

㉒ http：//www. china-mold. net（中国模塑网）

提供模具信息、设备信息、原料信息、软件信息、其他信息、模塑引擎、模塑精品等内容。

㉓ http：//www. icad. com. cn（ CAD/CAM 与制造业信息化）

㉔ http：//www.cmes.org（中国机械工程学会）

㉕ http：//www.cncol.cn（中国数控在线）

㉖ http：//www.e-works.net.cn（中国制造业信息化门户）

㉗ http：//www.chinaforge.org.cn（中国锻压网）

6.16　模具专业常用大型网络数据库

①《中国模具设计大典数据库》——由模具材料工程数据库，模具设计基础标准数据库，塑料设计数据库、模设计数据库、设计数据库、造工艺装备与压铸模设计数据库等内容构成。模具材料工程数据库主要汇总了中国，国际标准化组织日本、韩国、美国、欧盟、德国、英国、法国、俄罗斯、瑞典等国家（或组织）常用冷作模具钢，热作模具钢，塑料模具钢的钢号、特点与应用、化学成分、物理性能、热加工与热处理规范、力学性能、工艺性能、选择实例、采购渠道等数据；模具设计基础标准数据库主要包括知识制图、公差与配合、形位公差、表面粗糙度等最新标准内容；塑料模、冲模、锻模、锻造工艺装备与压铸模设计数据库汇总各类模具标准模架，模具标准件与技术条件的相关数据和图表。

② 超星数字图书馆——内容涵盖机械、计算机、电子、经济等50多类目，共包含电子图书30多万册。

③《中文科技期刊全文数据库》——由重庆维普公司开发，内容涵盖了1989年以来的国内开发发行的期刊杂志8000余种，其中包括国内公开发行的各种模具类期刊若干种。提供了关键词、刊名、作者、机构、文摘等8种检索入口，支持布尔逻辑检索，提供二次建设及高级检索。检索结果可分为题录、文摘及全文形式，是目前国内文献信息检索最常利用的工具。

④《金属材料文献数据库》——收录金属专业期刊文献会议文献数据14163条，由中国兵器工业部第52研究所提供。

⑤《制造业资源数据库》——包括机车资源数据库、刀具资源数据库、夹具资源数据库、量具资源数据库、模具标准件数据库、加工工步顺序策略知识库、工步资源数据库、冲压设计数据库、特征型面加工方法创成知识库、加工能力策略知识、标准模具部件数据库、数控机床标准件数据库、夹具标准件数据库、切削用量数据库、焊接数据等。

⑥《中国科学技术成果数据库》——收集各省市部委科技管理部门鉴定后报国家科委成果以及火星计划成果。内容包括项目名称、研制人、通信方式、鉴定时间及应用范围、技术指标、转让条件等，每年3月更新一次，容量240118条。

⑦《中国机械工程文摘数据库》——收录了全国机电仪表行业各类期刊约750种以上的专业文献，各种专题文献、会议论文、专利。属文摘数据库，半年更新一次。

⑧《中国机械设计大典数据库》——由基础标准、零部件设计、机械传动设计三个数据库和机械设计大典等构成。数据库部分主要由技术制图、公差与配合、形位公差、表面结构、螺纹、设计要素、连接件、滑动轴承、滚动轴承、齿轮传动、带传动、链传动等近年来最新的国际标准、国家标准、行业标准、技术规范和最新产品数据构成。

⑨《中国科技信息机构数据库》——收录了我国2000多家科技信息机构和高校图书情报单位的详尽信息，是科技信息界相互交流、增进合作的重要工具，共有2239条记录。

⑩《全国科技成果交易信息数据库》——是全国第一个大型的实用的事实型数据库，主

要收集全国各地设计、研究单位、工矿企事业单位研制的实用科技成果。其内容项目包括项目名称、研制人、通信方式、鉴定时间及应用范围、技术指标、转让条件等 18 项数据，总录数为 121583。

⑪《铸压数据库》（FS-Bsde）——锻压数据库系统是目前锻压行业中涵盖面广，收录数据最多的工程数据库，主要包含锻件设计、工艺设计和模具设计过程中必要的设计参数、设计准则和参照标准，以及锻件材料、锻压设备、锻压生产过程中质量管理、锻压生产的准备和实施等基础信息。

6.17 模具专业常用专利文献

① http：//www.sipo.gov.cn（中国国家知识产权局政府网站）

知识产权综合性服务网站，集各种专利服务于一体，内容涵盖 1985 年以来中国专利，可免费获取全文。

② http：//www.patent.com.cn（中国专利信息网）

可免费检索近期的相关专科、标题、摘要甚至是每篇专利的首页。检索方式包括简单检索、专利号检索、仆尔检索、高级检索等。

③ http：//www.beic.gov.cn（中国专利文摘数据库）

由北京市经济中心和北京市专利局共同开发的网上免费查询系统。收录了中国专利局 1985 年 9 月 10 日到 2001 年 9 月底公布的所有发明和实用新型专利的题录文摘、权利要求等信息，总数约计 47 万件。

④ http：//www.cnipr.com（中国知识产权网）

收录 1985 年以来的中国专利，可免费检索文摘信息。

⑤ http：//www.1st.com.cn（中国专利技术信息网）

该站点与《发明与革新》杂志社结成合作伙伴，提供专利检索、专利快讯、好书及相关网站推荐、网上救助等服务。

⑥ http：//www.chki.net（CNKI 的中国专利数据库）

收录了 1985 年以来中国专利局公布的专利信息。

⑦ http：//home.exin.net/patent（易信中国专利文献数据库）

收录中国专利局自 1985 年以来公布的所有发明专利和实用新型专利，内容有题录、文摘、权利要求等。还提供实效专利数据库。

⑧ http：//scitchinfo.wanfangdate.com.cn（万方数据库中的成果专利库）

该成果专利库共有 9 个数据库，60 多万条记录。内容为国内的科技成果、专利技术以及国家级科技项目。

⑨ 世界知识产权组织数字图书馆（IPDL）

提供世界各国专利数据库检索，包括 PTC 国际专利数据库、中国专利英文数据库、印度专利数据库、美国专利数据库、加拿大专利数据库、欧洲专利数据库、法国专利数据库、JOPAL 科技期刊数据库，DOPALES 专利数据库，MADRID 设计数据库等。

⑩ http：//www.micropat.com（Micro patent）

世界上最大的网上专利信息地址，可免费获取 1974 年以来的所有美国专利文献、1992 年以来的欧洲专利和 1988 年以来的世界专利。

⑪ http：//www. uspor. gov（美国专利书目数据库）

由美国专利局免费提供服务。收录了 1996 年以来的所有美国专利数据，每条数据包括有专利号、国际专利分类号、美国专利分类号、申请日、申请号、参考专利、审查员和专利文摘等信息，每周更新一次，包括所有最新的美国专利。

⑫ http：//www. uspor. gov（美国专利数据库）

收录 1790 年至今的美国专利，数据库每周更新一次，可免费获取美国专利全文。

⑬ http：//ep. espacenet. com（欧洲专利局专利信息网）

基于 WEB 的网上免费专利信息数据库检索系统，可提供对世界上 50 多个国家专利信息的网上免费检索。

⑭ http：//www. delphion. com（IBM 知识产权信息网）

可检索美国专利数据库、日本专利数据库、欧洲专利数据库和 PTC 国际专利数据库。

⑮ http：//www. jpo. go. jp（日本专利数据库）

收录了自 1994 年以来公开的日本专利的题录和摘要，提供日、英两种语言检索。

第 **7** 章　塑料模设计实例

7.1　塑料油壶盖注射模设计

7.1.1　设计任务书

① 塑料制品名称：塑料油壶盖；

② 成型方法与设备：在 SZ120/630 型塑料注射机上注射成型；

③ 塑料原料：低密度聚乙烯；

④ 收缩率：1.5%～3%；

⑤ 生产批量：30 万件/年；

⑥ 塑件图：图 7-1 所示为制品的二维图样，图 7-2 所示为该制品的二维图样。

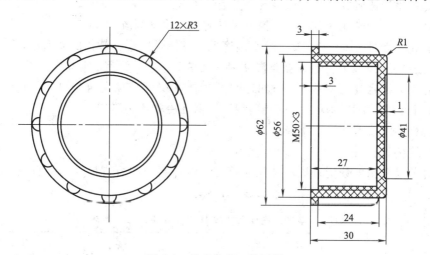

图 7-1　油壶盖的二维图样

7.1.2　塑件成型工艺分析

(1) 塑料成型特性

低密度聚乙烯（LDPE）又称高压聚乙烯，为支链型线型分子结构的热塑性塑料。结晶度为 45%～65%，相对分子质量较小，密度为 $\rho=0.91\sim0.94\mathrm{g/cm^3}$，压缩比为 1.84～2.3，比热容为 2.30J/(g·℃)。低密度聚乙烯的化学稳定性较高，能耐大多数酸、碱及盐的侵

图 7-2 油壶盖的三维图样

蚀，但不耐强氧化性酸的腐蚀，除苯及汽油外，一般不溶于有机溶剂。耐低温性能好，在 −60℃下仍具有较好的力学性能，但使用温度不高，LDPE 的使用温度在 80℃以下。低密度聚乙烯在热、光及氧的作用下会发生老化变脆，力学性能和电性能下降。在成型时，氧化会引起熔体黏度下降和变色，产生条纹，影响塑件质量。因此，需添加抗氧剂及紫外线吸收剂等。

低密度聚乙烯的成型特性为：

① 成型性好，可用注射、挤出及吹塑等成型加工方法。

② 熔体黏度小，流动性好，溢边值为 0.02mm；流动性对压力敏感，宜用较高压力注射。

③ 质软易脱模，当塑件有浅侧凹（凸）时，可强行脱模。本塑件的螺纹成型即采用强行脱模方式。

④ 易产生应力集中，严格控制成型条件，塑件成型后退火处理，消除内应力；塑件壁厚宜小，避免有尖角，脱模斜度宜取 1°~3°。

⑤ 可能发生熔体破裂，与有机溶剂接触可发生开裂。

⑥ 冷却速度慢，必须充分冷却，模具设计时应有冷却系统。

⑦ 成型温度范围：160~240℃。熔融温度低、熔体黏度小且塑件的质量小，塑件可采用柱塞式塑料注射机成型。严格控制模具温度，一般在 35~65℃为宜，模具应采用调质处理。

⑧ 收缩率大而且波动范围大，方向性明显（取向），不宜采用直浇口，易翘曲，结晶度及模冷却条件对收缩率影响大，应控制模温，保证冷却均匀稳定。

⑨ 吸湿性小，成型前可不干燥。

（2）塑件的结构工艺性

① 塑件的尺寸精度分析。该塑件尺寸精度无特殊要求，所有尺寸均为自由尺寸，可按 MT7 查取公差，其主要尺寸公差要求如表 7-1 所示。

表 7-1 塑件上主要尺寸按 MT7 级精度的公差要求　　　　　　　　　　　　　　mm

塑件标注尺寸		塑件尺寸公差（按 MT7 级精度）	塑件标注尺寸		塑件尺寸公差（按 MT7 级精度）
外形尺寸	$\phi 56$	$\phi 56_{-1.54}^{0}$	内形尺寸	$d_{M小}=46.752$	$46.752_{0}^{+1.14}$
	$\phi 62$	$\phi 62_{-1.54}^{0}$		27	27_{0}^{+1}
	3	$3_{-0.38}^{0}$		3	$3_{0}^{+0.38}$
	30	30_{-1}^{0}		$\phi 41$	$\phi 41_{0}^{+1.14}$
内形尺寸	$d_{M大}=50$	$50_{0}^{+1.14}$		1	$1_{0}^{+0.38}$
	$d_{M中}=48.051$	$48.051_{0}^{+1.14}$			

② 塑件表面质量分析。该塑件表面没有提出特殊要求，通常，一般情况下外表面要求光洁，表面粗糙度可以取到 $R_a = 0.8\mu m$，没有特殊要求时塑件内部表面粗糙度可取 $R_a = 3.2\mu m$。

③ 塑件的结构工艺性分析。从图纸上分析，该塑件的外形基本上为回转体，圆周均匀分布 12 个 "R3" 的半圆柱凸起旋钮花纹，该处设计脱模容易，且飞边去除容易，设计合理；壁厚相对均匀，且符合最小壁厚的要求；在塑件内壁有 "M50×3" 螺纹孔，查表可知螺纹牙型强度足够，在推荐选用的范围内，LDPE 塑料为软塑料，螺纹可强制脱模成型，但要注意为了防止螺孔的最外圈的螺纹崩裂或变形，螺纹始末端应有 0.2~0.8mm 的台阶，始末的螺纹应渐渐开始结束，有 $l = 8mm$ 的过渡长度，如图 7-3 所示。该塑件端部已开有 3mm 的台阶，但顶部台阶未留出，在进行型芯设计时应注意此处的结构设计。

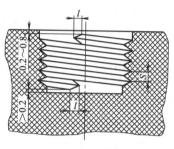

图 7-3　螺纹孔的设计

综合来看，该塑件结构简单，无特殊的结构要求和精度要求。在注射成型生产时，只要工艺参数控制得当，该塑件是比较容易成型的。

(3) 塑件的生产批量

该塑件的生产类型是大批量生产，因此，在模具设计中，要提高塑件的生产效率，倾向于采用多型腔、高寿命、自动脱模模具，以便降低生产成本。

(4) 关于注射机

① 用户提出用 SZ125/630 型塑料注射机生产，该机为柱塞式塑料注射机，LDPE 可以采用此类塑料注射机成型，据查有关资料列出该机的主要技术参数，如表 7-2 所示。

表 7-2　SZ125/630 型塑料注射机的主要技术参数

主要技术参数项目	参数数值	主要技术参数项目	参数数值
额定注射量/cm³	125	最小模具厚度/mm	150
锁模力/kN	630	模板最大行程/mm	270
注射压力/MPa	120	喷嘴前端球面半径/mm	15
最大注射面积/cm²	320	喷嘴孔直径/mm	4
动、定模模板最大安装尺寸	370mm×320mm	定位圈直径/mm	125
最大模具厚度/mm	300		

② 计算塑件体积和质量。塑件的体积计算：经计算得到塑件的体积为（计算过程略）$V \approx 37530 mm^3$。

塑件的质量计算：查有关手册，取塑料 LDPE 的密度为 $\rho = 0.92 g/cm^3$，所以，塑件的质量为

$$W = \rho V = 37530 \times 0.92 \times 10^{-3} \approx 34.53 \ (g)$$

③ 确定型腔数目。考虑到 SZ125/630 型塑料注射机的额定注射量为 125cm³，本设计中的塑件结构简单，单个塑件的体积为 38cm³，注射机的额定注射量就限制最多的成型该塑件的数量为 2，而改塑件的生产批量为大批量生产，为尽量提高生产率，决定采用一模两件的模具结构，型腔平衡布置在型腔板两侧，这样有利于浇注系统的排列和模具的平衡。

④ 确定注射成型的工艺参数。根据选用塑料（LDPE）的特性和本设计中塑件的自身成型特点，查有关资料，确定注射成型工艺参数如表 7-3 所示。

表 7-3　塑件的注射成型工艺参数

工　艺　参　数			规　　格
预热和干燥/℃	料筒温度	后段	140~160
		中段	—
		前段	170~200
	喷嘴温度		150~170
	模具温度		30~45
注射压力 p/MPa			60~100
成型时间 /s	注射时间		0~5
	保压时间		15~60
	冷却时间		15~60
	总周期		40~140
螺杆转速/n/r·min^{-1}			—
后处理	方法		退火处理
	温度/℃		循环烘箱,10~20
	时间/h		8~12

⑤ 虽然塑件体积、壁厚不大,但该塑件生产类型为大批量,加上 LDPE 塑料比热容大,冷却速度慢,成型时必须充分冷却,模具设计时要求有冷却系统,所以该模具应采用冷却水强制冷却,冷却要均匀,以缩短成型周期,提高生产率。

7.1.3　分型面选择及浇注系统的设计

(1) 分型面的选择

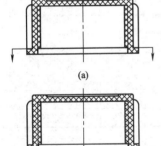

图 7-4　分型面的选择

该塑件为油壶盖,外形表面质量要求较高。在选择分型面时,根据分型面的选择原则,考虑不影响塑件的外观质量,便于清除毛刺及飞边,有利于排除模具型腔内的气体,分模后塑件留在动模一侧,便于取出塑件等因素,分型面应选择在塑件外形轮廓的最大处,如图 7-4 所示。

如果按图 7-4 (a) 所示的分型面分型,则塑件分别是由两个模板成型,由于合模误差的存在,会使塑件产生一定的同轴度误差,且飞边不易清除;而按照图 7-4 (b) 所示的分型面分型,则塑件整体由一个模板成型,消除了由于合模误差使塑件产生同轴度误差的可能。因此,决定采用图 7-4 (b) 所示的分型面。

另外,为了提高自动化程度和生产效率,减少 LDPE 的取向变形以及保证塑件表面质量,决定采用点浇口,而模具采用了双分型面结构。一个分型面用于成型塑件,另一个分型面用于取出浇注系统凝料。

(2) 浇注系统的设计

① 主流道设计。根据相关资料,查得 SZ125/630 型塑料注射机喷嘴的有关尺寸为:

喷嘴孔直径　$d_0 = 4$mm;

喷嘴前端球面半径　$R_0 = 15$mm。

根据模具主流道与喷嘴的关系得到:主流道进口端球面半径

$$R = R_0 + (1\sim2)\text{mm} = 15\text{mm} + (1\sim2)\text{mm}, \text{取 } R = 17\text{mm}$$

主流道进口端孔直径

$$d = d_0 + 0.5 = 4 + 0.5 = 4.5 \text{ (mm)}, \text{取 } d = 4.5\text{mm}$$

为了便于将凝料从主流道中拔出，将主流道设计成圆锥形，其斜度取 4°，同时为了使熔料顺利进入分流道，在主流道出料端设计 $r = 5\text{mm}$ 的圆弧过渡。主流道衬套采用可拆卸更换的浇口套，浇口套的形状及尺寸设计采用推荐尺寸的常用浇口套；为了能与塑料注射机的定位圈相配合，采用外加定位环的方式，这样不仅减小了浇口套的总体尺寸，还避免了浇口套在使用中的磨损。

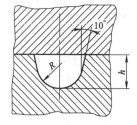

图 7-5　分流道截面形状及尺寸

② 分流道的设计。该塑件的体积比较小，形状比较简单，壁厚均匀，且塑料的流动性好，可以采用单点进料的方式。为便于加工，采用最为常用的截面形状为 U 形的分流道。查分流道横截面及其尺寸的有关资料，取 U 形分流道截面半径 $R = 3\text{mm}$，$h = 3.75\text{mm}$。分流道截面形状及尺寸如图 7-5 所示。

③ 点浇口设计。由于该塑件外观质量要求较高，浇口的位置和大小应以不影响塑件的外观质量为前提，同时，也应尽量使模具结构更简单。根据对该塑件结构的分析，并结合已确定的分型面位置，选择如图 7-6 所示的点浇口进料方式。根据塑件外观质量的要求以及型腔的安放方式，进料位置设计在塑件顶部。点浇口的直径尺寸可以根据不同塑料按塑件平均厚度查表确定。

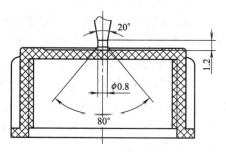

图 7-6　点浇口的结构、位置及尺寸

④ 冷料穴设计。由于 LDPE 质软高弹的特点，采用带球头形拉料杆的冷料井，定模座板的分流道尽头钻小斜孔，一次分型时斜孔内凝料使点浇口与塑件分离，同时球头形拉料杆将主流道的凝料拔出，而二次分型时凝料被定模板硬刮掉落下来，实现浇注系统与塑件的自动分离与脱出，自动化程度高，劳动强度小。

7.1.4　模具设计的方案论证

(1) 型腔的布局

因为塑件的外形是圆形的，各方向尺寸一致；另外，塑件结构简单，不需要侧向分型，所以型腔的排列方式只有一种，即左右对称分布在模板两侧，如图 7-7 所示。

(2) 成型零件的结构

① 模具的型腔采用整体式型腔。整体式型腔是直接加工在型腔板上的，有较高的强度和刚度，使用中不易发生变形。该塑件尺寸较小，最大处也只有 $\phi62\text{mm}$，且形状简单，型腔加工容易实现，可以采用整体式结构。

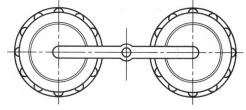

图 7-7　型腔的排列方式

② 模具的型芯采用整体镶嵌式型芯。整体镶嵌式型芯可节省贵重模具钢，便于机加工和热处理，修理更换方便，同时也有利于型芯冷却和排气的实施。由于该塑件有螺纹，考虑

到型芯加工制造方便和降低模具成本，型芯采用整体镶嵌式型芯。

（3）推出机构的确定

根据塑件的形状特点，确定模具型腔在定模部分，模具型芯在动模部分。塑件成型开模后，塑件与型芯一起留在动模一侧。该塑件有螺纹孔，螺纹部分是由螺纹型芯成型的，由于成型该塑件的塑料（LDPE）有很好的弹性，可以采用强制脱模的方式，但需要较大的脱模力，故采用推件板推出机构。为了避免推件孔的内表面与型芯的成型面的螺纹相摩擦，造成型芯的迅速擦伤，将推件板的内孔与型芯成型面以下的配合段制成单边斜度为 5°～10°锥面，该锥面不仅有效避免了擦伤，且能准确定位推件板，避免了该处的飞边溢料。

（4）合模导向机构的设计

该塑件精度要求不算高，塑件形状、型腔分布对称，无明显单边注射侧向力，可采用最为常见的导柱导向定位机构，在动模板、推件板、定模板间使用 4 对导柱，导柱的长度要确保推件板推出塑件后不脱落，在定模座板与定模板间采用 4 对限距拉杆，不仅起到限制第一次分型距的作用（所限距离要确保能取出凝料），同时还起到导向定位定模座板与定模板的作用。

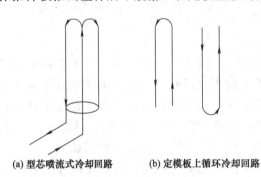

(a) 型芯喷流式冷却回路　　(b) 定模板上循环冷却回路

图 7-8　冷却水道的设计

（5）冷却系统的设计论证

该塑件为大批量生产，应尽量缩短成型周期，提高生产率；加上 LDPE 塑料为结晶型塑料，成型时需要充分冷却，冷却要均匀。因此，该模具的凹模冷却是在定模板上开出冷却水道，采用冷却水进行循环冷却型腔；而型芯的冷却则采用内部加装铜管喷流冷却的方式，其进出水孔开在支承板上，冷却水道的分布如图 7-8 所示。

7.1.5　主要零部件的设计计算

（1）成型零件的成型尺寸计算

该塑件的材料是一种收缩范围较大的塑料，因此成型零件的尺寸均按平均值法计算。前面已经查得 LDPE 的收缩率为 1.5%～3%，故平均收缩率为

$$S_{cp}=(1.5\%+3\%)/2=2.25\%=0.0225$$

根据塑件尺寸公差的要求，模具的制造公差取 $\delta_z=\Delta/3$。

成型零件尺寸的计算如表 7-4 所示。

（2）模具型腔壁厚的确定

采用经验数据法，直接查阅设计手册中的有关表格，得该型腔的推荐壁厚为 35mm。

（3）模具型腔模板总体尺寸的确定

该模具型腔直径为 $\phi62mm$，根据确定的型腔壁厚尺寸 30mm，综合以上数据，确定型腔模板的总体尺寸为"160(B)×250(L)×50(H)"。

（4）标准模架的确定

本塑件采用点浇口注射成型，根据模具结构形式、型腔数目、塑件尺寸、冷却水道的分布等因素，查有关资料，选择的标准模架型号为：

模架　DBT 1825－50×25×60　GB/T 12555—2006

表 7-4 成型零件尺寸的计算　　　　　　　　　　　mm

		塑件尺寸	计算公式	型腔或型芯工作尺寸
径向尺寸	型腔的径向尺寸	$\phi 62_{-1.54}^{0}$	$L_m=\left(L_s+L_sS_{cp}-\dfrac{3}{4}\Delta\right)_{0}^{+\delta_z}$	$\phi 62.24_{0}^{+0.51}$
		$\phi 56_{-1.54}^{0}$	$L_m=\left(L_s+L_sS_{cp}-\dfrac{3}{4}\Delta\right)_{0}^{+\delta_z}$	$\phi 56.11_{0}^{+0.51}$
		$\phi 41_{0}^{+1.14}$	$L_m=\left(L_s+L_sS_{cp}+\dfrac{3}{4}\Delta\right)_{-\delta_z}^{0}$	$\phi 42.78_{-0.38}^{0}$
	型芯的径向尺寸	$d_{M大}=50_{-1.32}^{0}$	$L_m=\left[(1+S_{cp})d_{m大}+\Delta_{中}\right]_{-\delta_{中}}^{0}$	$\phi 52.445_{-0.03}^{0}$
		$d_{M中}=48.051_{-1.32}^{0}$	$L_m=\left[(1+S_{cp})d_{m中}+\Delta_{中}\right]_{-\delta_{中}}^{0}$	$\phi 50.452_{-0.03}^{0}$
		$d_{M小}=46.752_{-1.32}^{0}$	$L_m=\left[(1+S_{cp})d_{m小}+\Delta_{中}\right]_{-\delta_{中}}^{0}$	$\phi 49.124_{-0.03}^{0}$
轴向尺寸	型腔的轴向尺寸	30_{-1}^{0}	$H_m=\left(H_s+H_sS_{cp}-\dfrac{2}{3}\Delta\right)_{0}^{+\delta_z}$	$30.01_{0}^{+0.33}$
		$3_{-0.38}^{0}$	$H_m=\left(H_s+H_sS_{cp}-\dfrac{2}{3}\Delta\right)_{0}^{+\delta_z}$	$2.81_{0}^{+0.13}$
		$1_{0}^{+0.38}$	$H_m=\left(H_s+H_sS_{cp}+\dfrac{2}{3}\Delta\right)_{-\delta_z}^{0}$	$1.28_{-0.13}^{0}$
	型芯的轴向尺寸	27_{0}^{+1}	$H_m=\left(H_s+H_sS_{cp}+\dfrac{2}{3}\Delta\right)_{-\delta_z}^{0}$	$28.27_{-0.33}^{0}$
		$3_{0}^{+0.38}$	$H_m=\left(H_s+H_sS_{cp}+\dfrac{2}{3}\Delta\right)_{-\delta_z}^{0}$	$3.32_{-0.13}^{0}$

7.1.6　塑料注射机有关参数的校核

(1) 模具闭合高度的确定

组成模具闭合高度的模板及其他零件的尺寸有：

定模座板为 $H_4=20mm$；

型腔板为 $A=50mm$；

推件板为 $H_3=20mm$；

型芯固定板为 $B=25mm$；

支承板为 $H_2=30mm$；

垫块为 $C=60mm$；

动模座板为 $H_1=20mm$。

则该模具闭合高度为：

$$H=H_4+A+H_3+B+H_2+C+H_1=20+50+20+25+30+60+20=225\ (mm)$$

(2) 模具闭合高度的校核

由于 SZ125/630 型塑料注射机所允许的模具最小厚度为 $H_{min}=150mm$；模具最大厚度为 $H_{max}=300mm$。因计算得模具闭合高度 $H=225mm$，所以模具闭合高度满足 $H_{min}\leqslant H\leqslant H_{max}$ 的安装条件。

(3) 模具安装部分的校核

该模具的外形最大部分尺寸为 $200mm\times 250mm$，SZ125/630 型塑料注射机模板最大安装尺寸为 $370mm\times 320mm$，故能满足模具安装的要求。

(4) 模具开模行程的校核

开模行程也称为合模行程，指模具开合过程中动模座板的移动距离，用符号 S 表示。

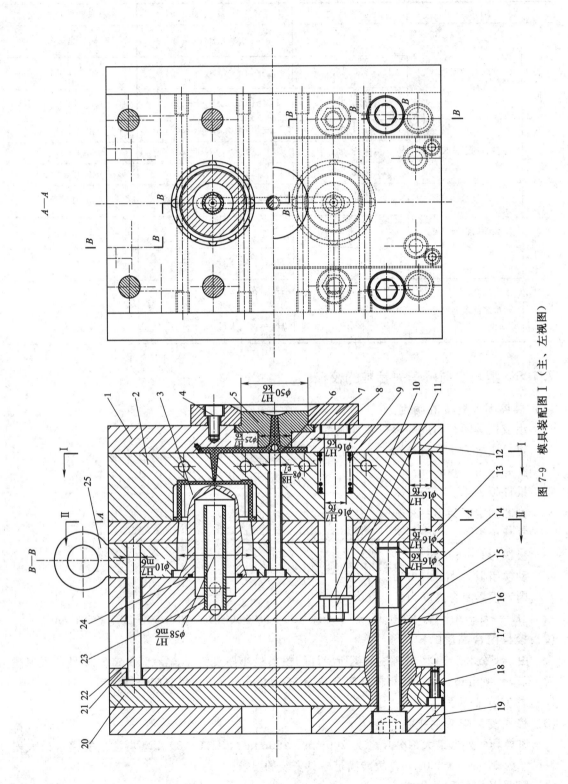

图 7-9　模具装配图 I（主、左视图）

序号	名　称	数量	材　料	备　注
25	吊环螺钉 M10	1	20	GB/T 825—1988
24	O形密封圈 40×3	2	橡胶 1-4	JB/ZQ 4224—1986
23	喷水管	2	Cu	外购
22	推杆	4	T8A	淬火回火 50~55HRC
21	推杆固定板	1	45	正火 125~235HB
20	推板	1	45	正火 125~235HB
19	动模座板	1	Q235	正火 125~235HB
18	螺钉 M6×20	4	45	GB/T 70.1—2000 外购
17	垫块	2	Q235	正火 125~235HB
16	螺钉 M16×20	4	45	GB/T 70.1—2000 外购
15	动模支承板	1	45	正火 183~235HB
14	型芯固定板	1	45	正火 183~235HB
13	推件板	1	T8A	正火 183~235HB
12	导套 φ16×90	4	T8A	GB/T 4169.3—2006 外购
11	螺母 M12	4	45	GB/T 6170—86
10	垫圈	4	20	GB/T 97.1—1985 外购
9	弹簧 φ1.6×φ18×40	4	65Mn	GB/T 1358—1978 外购
8	限距拉杆	4	T8A	淬火回火 50~55HRC
7	定位圈	1	T8	正火 183~235HB
6	拉杆	1	T8A	淬火回火 50~55HRC
5	浇口套	1	42CrMo	淬火回火 50~55HRC
4	螺钉 M8×15	4	45	GB/T 70.1—2000 外购
3	型芯	2	P20	淬火回火 50~55HRC
2	定模板	1	CrWMn	淬火回火 50~55HRC
1	定模座板	1	Q235	正火 125~235HB
序号	名　称	数量	材　料	备　注

油盖注射模具	比例	1：1	共 16 张	01
	质量	0.1t	第 1 张	

制图
设计
审核

塑件图

12×R3　R1

φ41　φ56　φ62　M50×3

1　3　27　24　30　3

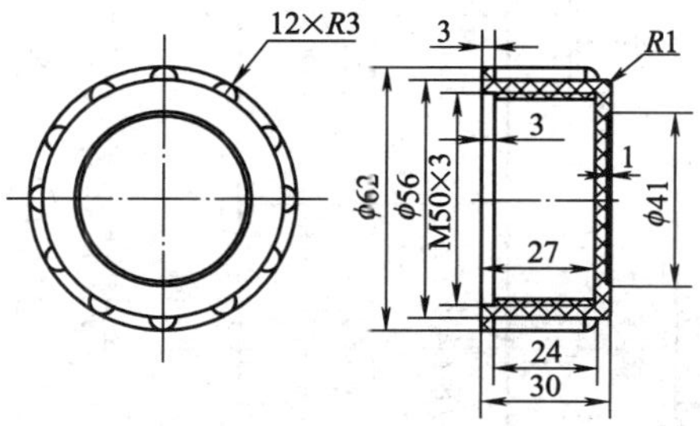

材料：LDPE

技术要求

1. 定模与动模安装平面的平行度按 G3/T 12555.2 和 GB/T 12556.2 的规定。
2. 导柱、导套对动、定模安装面的垂直度按 GB/T 12555.2 和 GB/T 12556.2 的规定。
3. 模具所有活动部分应保证位置准确，动作可靠，不得有歪斜和卡滞现象。要求固定的零件不得相对窜动。
4. 流道转接处应用光滑圆弧连接，浇注系统表面粗糙度为 $R_a = 0.8\mu m$。
5. 合模后，分型面应紧密贴合，成型部位的固定镶件配合处应紧密贴合，间隙小于 0.02mm。
6. 开模时，推出要平稳，推出塑料的最大不溢料及浇注系统凝料推出模具。同隙应小于塑料的最大不溢料间隙，间隙小于 0.02mm。

图 7-10　模具装配图 II（塑件图、技术要求、标题栏与明细表）

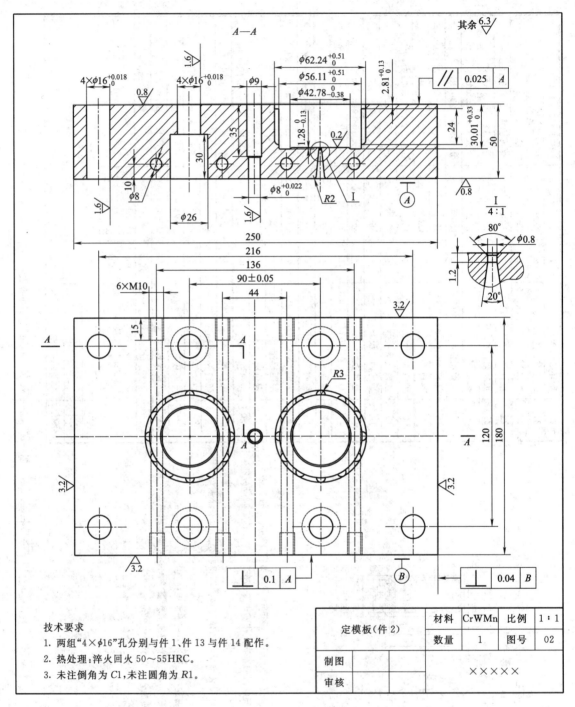

图 7-11　定模板零件图

SZ125/630 型塑料注射机的最大开模行程为 $S_{max}=270mm$。为了使塑件成型后能够顺利脱模，并结合该模具的双分型面特点，确定该模具的开模行程 S 应满足下式要求：

$$S_{max} > H_1 + H_2 + a + (5\sim10)mm = (27+5) + 30 + 48 + 7 = 117 \text{ (mm)}$$

其中　H_1——塑件所用的脱模距离；

　　　H_2——塑件高度；

　　　a——取出浇注系统凝料必需的长度。

142

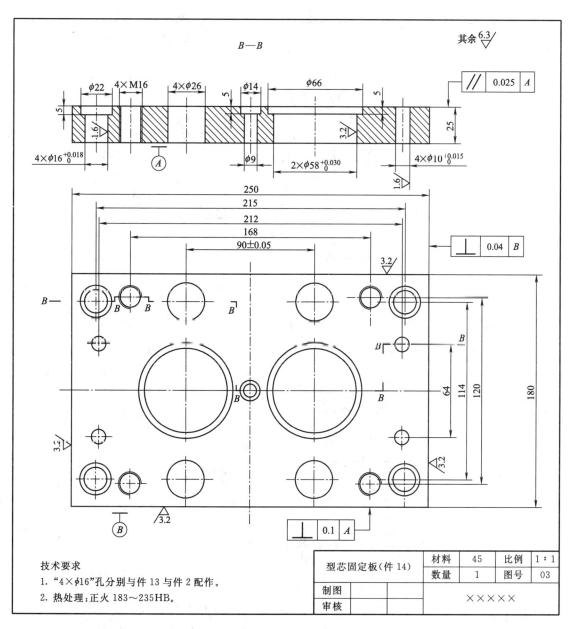

图 7-12 动模板零件图

因 $S_{\max}=270\text{mm}>117\text{mm}$，故该机的开模行程满足要求。

(5) 注射量的校核

在一个注射成型周期内，注射模内所需的塑料熔体总量与模具浇注系统的容积和型腔容积有关，其值用下式计算：

$$m_{i}=Nm_{s}+m_{j}$$

式中　N——型腔的数量；

　　　m_{s}——单个制品的质量或体积，g 或 cm³；

　　　m_{j}——浇注系统和飞边所需的塑料质量或体积，g 或 cm³；

已知，$N=2$、$m_{s}=37.53\text{cm}^3$，经估算 $m_{j}\approx20\text{cm}^3$，则 $m_{i}\approx95\text{cm}^3$。

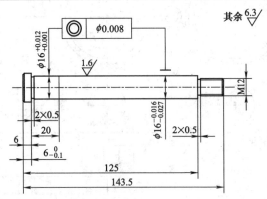

技术要求

1. 锥面与件 13 配作。

2. 螺纹螺距为 3mm,始末的螺纹应渐渐开始、结束,过渡长度为 8mm。

3. 热处理:渗碳 0.5~0.8mm,淬火回火 50~55HRC。

4. 未注倒角为 C1,未注圆角为 R1。

型芯(件 3)		材料	P20	比例	1:1
		数量	2	图号	04
制图			×××××		
审核					

技术要求

1. 热处理:渗碳 0.5~0.8mm,淬火回火 50~55HRC。

2. 未注倒角为 C1,未注圆角为 R1。

限距拉杆(件 8)		材料	T8A	比例	1:1
		数量	4	图号	05
制图			×××××		
审核					

图 7-13 型芯、限距拉杆零件图

SZ125/630 型塑料注射机的额定注射量为 $m_I = 125 \text{cm}^3$,为了使注射成型过程稳定可靠,应有

$$m_i = (0.1 \sim 0.8) m_I = 12.5 \sim 100 \text{ (cm}^3\text{)}$$

因此,该机的注射量满足模具的要求。

7.1.7 绘制模具装配图

根据设计计算的结果,绘制模具装配图,如图 7-9、图 7-10 所示。需要注意的是,在装

配图上应画出塑件图，并标注主要尺寸，以便更好地理解模具结构原理。

7.1.8　拆画零件图

根据设计要求拆画出必要的模具零件图，如图 7-11～图 7-13 所示。

7.1.9　编制设计计算说明书（略）

7.2　继电器盒盖注射模设计

图 7-14 所示为一汽车用继电器盒盖，材料是 PP 加 30％玻璃纤维增强。

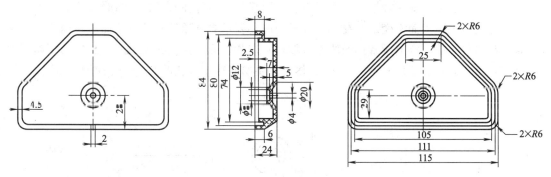

图 7-14　继电器盒盖制件图

7.2.1　塑件分析

① 经过查阅资料或向材料生产者咨询，聚丙烯成型十分容易，应了解成型温度、成型压力及周期等。这种材料成型对模具温度要求不是很高，一般为 35～65℃。收缩较小，脱模也较为容易，因而可考虑用小浇口成型，因结构原因，用点浇口要比潜伏浇口容易些（塑件尺寸精度和外表要求不高）。模具的冷却设计可以从简，以提高生产效率为目的。

② 该塑料件的形状比较简单，尺寸不大，结构不易变形，能够用整体型腔和型芯，简单方法脱模。较简单的办法是顶杆脱模。从结构上看，分型面置于盖口平面是较合理的选择。

③ 这一塑料件用于汽车，生产量不大（相对于塑料模具的生产寿命）。可以用单腔模具成型（正好也说明用侧浇口和潜伏浇口不太合适）。

由此得出结论：应采用一模一腔，点浇口，顶杆脱模，简单冷却的模具结构。经过计算不难知道塑料件的质量和分型面上的投影面积。根据这两个数据可以确定使用的最小注射机。注意，在能够满足注射量和锁模力的前提下，不要选太大的注射机，否则浪费资源并有可能加速模具的损坏（因为有些机床不能自如地控制锁模力的大小，太大的锁模力会使模具产生变形）。

7.2.2　总装草图设计

(1) 勾画制件轮廓

如图 7-15 所示，将塑料件的顶视图（俯视图）和主视图轮廓画出，在主视图上标出分

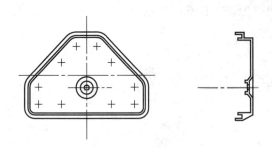

图 7-15 制件轮廓图

型面的位置。这样布置视图有利于结构图的绘制。

（2）标示顶杆位置

在顶视图上标示出顶杆的位置，如图 7-16 所示小十字线。

（3）标示导柱、紧固螺钉位置

在顶视图上按机械设计的原则将动模侧的导柱、紧固螺钉位置标出。将推顶板上的紧固螺钉和复位杆、导柱的位置标出，如图 7-16 所示。在标示这些位置时，要考虑它们的直径，导柱直径要能够承受模具的重量而不影响导向；紧固用螺钉强度保证在开模力的作用下安全可靠；复位杆在有导柱导向时要能克服所有顶出复位的运动摩擦阻力而不变形，在无导柱导向时还要承受推顶机构的重量而不弯曲变形；顶杆的直径和数量按前面章节所叙述的原则选取，它们的位置应该使各孔之间有足够的距离以保证足够的强度（以及热处理时不被破坏），尽量不要妨碍冷却水孔的通过，并使模具紧凑。

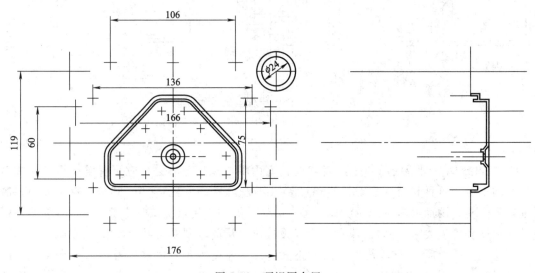

图 7-16 顶视图布置

如果采用标准模架，导柱和螺钉的直径和位置都已经确定，只确认型芯和型腔在留下的空间能够布置即可。

（4）初定模板厚度尺寸

初步确定各模板的厚度，如图 7-17 所示。

① 动、定模座板的厚度一是要满足结构装配需要，二是要满足强度等需求，即在加工和工作时不变形（锁模时受压，开模时受拉）。可根据理论按开模受拉时螺钉四周受剪，机床压板同螺钉对模板对拉造成弯曲进行强度计算。一般按经验选取。显然模板的面积越大取得越厚，本例中均取 20mm。

② 推、顶件板的厚度也是按同样的原则确定，但它们受力情况不同，应使其在推顶及复位时机床的顶出力和脱模或复位运行摩擦阻力作用下不产生变形，本例中取 17mm 和 15mm。

③ 支块的厚度决定最大脱模行程。本例中取 60mm。要注意并不是动模型芯有多高，

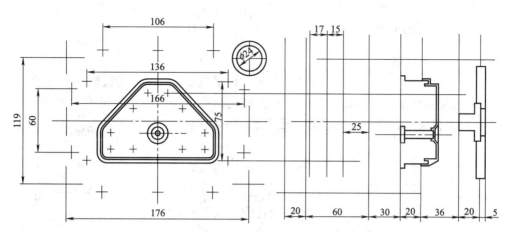

图 7-17　初步确定各模板的厚度

脱模行程就必需有多大。应该综合塑料件的材料、脱模斜度、机床的开模行程、模具的厚度等因素考虑。

④ 动模垫板厚度的确定在前面章节有详细的叙述，在长期工作的情况下宁愿保守些，即取得厚些。对大模具和大跨度的垫板，应该在中间加支柱支承，支柱的长度可以略大于支块，以使垫板有一反向的预变形，本例中取 30mm。

⑤ 动模的型芯固定板在本例中主要是装配要求，即保证型芯的可靠安装。型芯结构不同，选取时要考虑的问题也不尽相同，本例取 20mm。

⑥ 型腔板厚度要考虑型腔底部的强度，但由于在工作时有右边的其他板和机床定板支承，一般强度有较大保障。但是考虑加工和热处理时的变形以及冷却水的通过，其底部厚度不宜取得太小，本例中为 36mm。

采用标准模架时的模板厚度都是确定了的，只要对装配结构空间和动模垫板、型腔底板等的强度进行校核即可。

（5）确定模架尺寸

将重要的结构元件的位置由顶视图引入主视图，并确定模架的周界，如图 7-18 所示，同时可以将型芯和型腔画上。这时模架的基本尺寸已完全出现，可以对关键的模板厚度和型腔的侧壁厚度进行精确的校核。

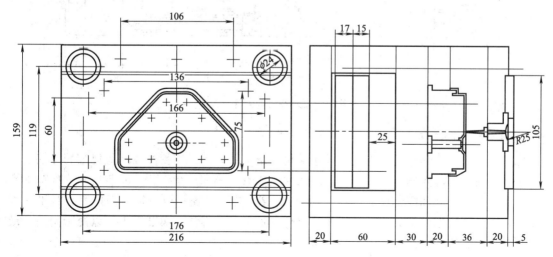

图 7-18　确定模架尺寸

7.2.3　总装图和零件图

(1)　加入各结构元件细节

　　如图 7-19～图 7-21 所示,将前面已经基本确定了位置和尺寸的各机构一一画上或细化,剖切不到的重要元件也尽量用虚线在主视图上表达出来。将冷却水孔画上(本例中没有画全)。采用标准模架时也应该将这些结构元素清楚地表达出来。

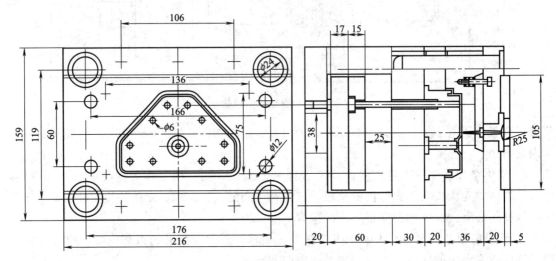

图 7-19　加入各结构元件(一)

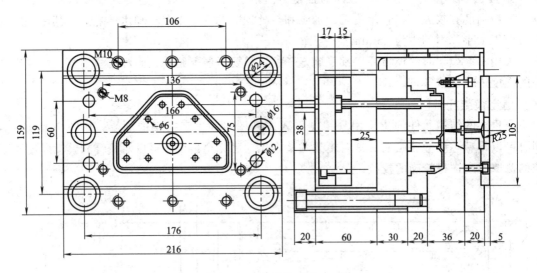

图 7-20　加入各结构元件(二)

(2)　检查总装设计

　　修正不规范的表达方法,将没有表达清楚的结构关系用局部视图或其他规范的方法表达出来,必要时画上起重孔,标注有关重要尺寸(模具大小和重量、相关安装尺寸、冷却水孔接头、重要钳装尺寸和配合尺寸等),加上剖面线,画明细表并加注技术条件等。对于一些简单的采用标准模架的模具,可以将几乎全部的加工尺寸标注在总装图上,以便于制造。最后完成模具的总装图绘制,如图 7-22 所示。

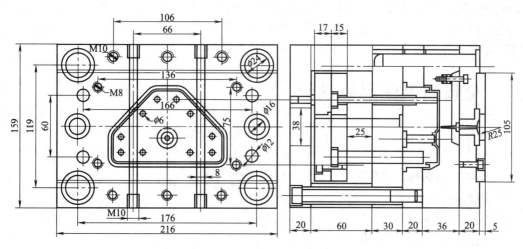

图 7-21 加入各结构元件（三）

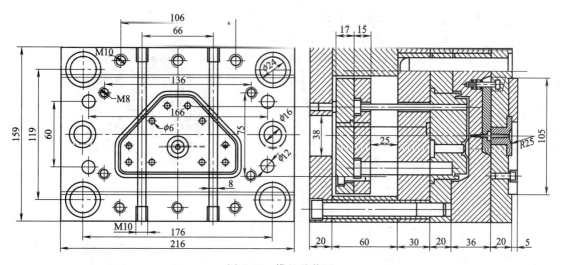

图 7-22 模具总装图

（3）由总装图拆分零件图

先总装图而后零件图是一般程序。如果用计算机辅助设计，在设计总装图时将各零件分别置于不同的图层是一种好的方法，这样可以很快地设计零件图并方便进行干涉的检查。

采用标准模架时对一些标准元件（如导柱等）和只是添加安装螺钉孔的模板零件没有绘制详细零件图的必要，应在总装图上有明确清楚的表示。对于一般的模具，为便于制造，也为便于维护等，详尽的模具零件图是必不可少的。即使采用无纸化的计算机辅助设计和加工，也应保留全套的模具设计档案。

在本例中采用的设计步骤不一定为所有设计者所接受，不同的人有着不同的设计习惯，但只要能高效地设计出合理的模具，什么方法都可采用。

本例为说明问题没有采用标准模架设计，一些元件在总装图上的表达也不完善，但无论是初学者还是有经验的设计人员都应该尽量采用标准的模架和零件进行设计，一方面可以提高设计效率，另一方面可以大大简化加工，降低成本。

本例中的模板的尺寸和机构也不代表一种最佳的选择。例如，模板的厚度，可以根据能取

得的坯料的厚度按最小加工量选择（要满足最小厚度要求，同时也不能太厚使重量太大）。同一塑料件由不同的人设计可以有不同的方案，最终都有可能很好地使用。除正确地掌握和应用书本知识外，汲取他人的设计经验也是非常重要的。

7.3 电风扇罩注射模设计

7.3.1 设计任务书

① 塑料制品名称：电风扇罩；

② 塑料原料：PP；

③ 收缩率：平均 0.6%；

④ 生产批量：50 万件/年；

⑤ 塑件图：图 7-23 所示为制品的二维图样和三维图样。

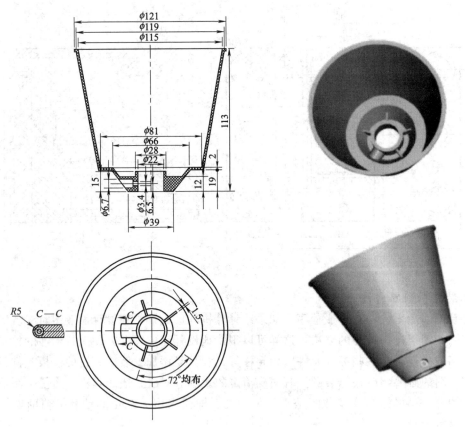

图 7-23 电风扇罩制件图

7.3.2 塑件的工艺分析

(1) 塑件的使用性能

该塑件为电风扇罩，主要用于容纳进线及挡灰尘，由于电动机在转动过程中有震动，故要求材料有较好的力学性能，如抗拉强度、抗应力开裂性、弹性模量等都要求较好，其中

$\phi22mm$ 孔要求与轴相配合，且配合关系要求高。根据产品要求，该塑件为大批量生产。

（2）塑件的尺寸精度

塑件有精度要求的尺寸是 $\phi22mm$ 和 $\phi3.4mm$，均为 MT4 塑件精度，因此在模具设计和制造中要严格地保证这两个尺寸的精度要求。

其余的尺寸都无特殊的要求，按照自由尺寸或 MT6 级的精度查取公差等级即可。

（3）塑件表面质量

该塑件要求表面光泽，其表面粗糙度 R_a 为 $1.6\mu m$，无飞边、毛刺、缩孔、流痕等工艺缺陷。

（4）塑件的结构工艺性

① 由图可知，该电风扇罩结构为圆锥壳体，侧壁带台阶孔，侧壁壁厚为 2mm，带孔部分较厚，塑件的尺寸属于中小件，PP 材料能够满足充模流动要求。考虑制件壁厚不均，为防止变形，应强化冷却，模具温度取下限值，延长冷却时间。

② 从模具总体结构上考虑，塑件为骨架主体，需设置侧向分型机构。

（5）原材料的工艺性

原材料的工艺性如下。

① 使用温度：可以在 100℃ 长期稳定使用。

② 性能特点：抗拉强度、抗压强度、表面硬度和弹性模量均优异，几乎不吸水。

③ 成型特点：

a. 抗氧化能力低，在塑化前应加入抗氧化剂。

b. 在超过 280℃ 会发生降解，故成型时应避免熔料长时间滞留在料筒内。

c. 熔体流动性好，易成型长流程塑件。

d. 熔点和熔点热焓量比 LDPE 高，在结晶和冷却过程中会放出较多的热量，故模具应有较好的冷却系统。

e. 由于热收缩和结晶作用，在成型过程中比体积有较大的变化。

f. 熔料低温高压取向明显，故要控制成型温度。

g. 成型收缩率大，低温呈脆性，要求壁厚均匀。

7.3.3　成型设备的选择及校核

7.3.3.1　注射机的初选

（1）计算塑件的体积

根据制件的三维模型，利用三维软件直接求得塑件的体积为：$V_1=72540mm^3$；其中浇注系统凝料体积为：$V_2=1600mm^3$；故一次注射所需要的塑料总体积为：$V=74140mm^3$。

（2）计算塑件的质量

查相关手册得 PP 的密度为：$\rho=0.9g/cm^3$，则塑件的质量为：

$$M_1=V_1\rho=72540\times0.9\times10^{-3}=65.3\text{（g）}$$

浇注系统凝料质量为：

$$M_2=V_2\rho=1600\times0.9\times10^{-3}=1.44\text{（g）}$$

塑件和浇注系统凝料总质量为：

$$M=V_1+V_2=65.3+1.44=66.7\text{（g）}$$

(3) 选用注射机

根据总体积 $V = 74.14 \text{cm}^3$，初步选取 SZ630/3500 型螺杆式注射成型机。

SZ630/3500 型注射成型机主要参数如下表 7-5 所示。

表 7-5 SZ630/3500 型注射成型机的主要参数

项 目	参 数	项 目	参 数
理论注射量	634cm³	最小模具厚度	250mm
注射压力	150MPa	定位孔的直径	ϕ180 深 20
锁模力	3500kN	喷嘴球半径	SR18mm
拉杆内间距	545mm×480mm	喷嘴口孔径	ϕ4mm
最大模具厚度	500mm	移模行程	490mm

7.3.3.2 注射机的终选

(1) 注射量的校核

注射量的校核公式是

$$(0.8 \sim 0.85)W_公 \geqslant W_注$$

式中　$W_公$——注射机的公称注射量，cm^3；

　　　$W_注$——每模的塑料体积量，是所有型腔的塑料加上浇注系统塑料的总和，cm^3。

如前所述，塑件及浇注系统的总体积为 74.14cm^3，远小于注射机的理论注射量 634cm^3，故满足要求。

(2) 模具闭合高度的校核

模具闭合高度的校核公式为

$$H_{\min} < H_闭 < H_{\max}$$

由装配图可知模具的闭合高度 $H_闭 = 477\text{mm}$，而注射成型机的最大模具厚度 $H_{\max} = 500\text{mm}$，最小模具厚度 $H_{\min} = 250\text{mm}$，满足 $H_{\min} < H_闭 < H_{\max}$ 的安装要求。

(3) 模具安装部分的校核

模具的外形尺寸为 $450\text{mm} \times 450\text{mm}$，而注射成型机拉杆内间距为 $545\text{mm} \times 480\text{mm}$，故能满足安装要求。

模具定位圈的直径 $\phi 100\text{mm}$ 与注射机定位孔的直径 $\phi 100\text{mm}$ 相等，满足安装要求。

浇口套的球面半径为 $SR_1 = SR + (1 \sim 2)\text{mm} = 20\text{mm}$，满足要求。

浇口套小端直径 $R_1 = R + (1 \sim 2)\text{mm} = 6\text{mm}$，满足要求。

(4) 模具开模行程的校核

模具开模行程的校核公式为

$$H_模 = H_1 + H_2 + a \leqslant H_注$$

式中　$H_模$——模具的开模行程，mm；

　　　$H_注$——注射成型机移模行程，mm；

　　　H_1——制件的推出距离，mm；

　　　H_2——包括流道凝料在内的制品的高度，mm；

　　　a——侧抽芯在开模方向的距离，mm。

代入数据得：

$$H_模 = 115 + 177 + 31 = 323 \ (\text{mm}) \leqslant H_注 = 490\text{mm}$$

满足要求。

（5）锁模力的校核

锁模力的校核公式为

$$F \geqslant KAp_{\mathrm{m}}$$

式中　F——注射机的额定锁模力，kN；

　　　A——制件和流道在分型面上的投影面积之和，cm^2；

　　　p_{m}——型腔的平均压力，MPa；

　　　K——安全系数，通常取 $K=1.1\sim1.2$。

将数据代入公式得：

$$KAp_{\mathrm{m}}=1.15\times25\times11.304=324.99\ （\mathrm{kN}）$$

$F=3500\mathrm{kN}>324.99\mathrm{kN}$，满足要求。

（6）注射压力的校核

注射压力的校核公式为

$$p_{\max} \geqslant K'p_0$$

式中　$p_{\max}$——注射机的额定注射压力，MPa；

　　　p_0——注射成型时的所需用的注射压力，MPa；

　　　K'——安全系数。

将数据代入公式得：

$$K'p_0=1.3\times90=117\ （\mathrm{MPa}）\leqslant p_{\max}=150\mathrm{MPa}$$

满足要求。

结论：选取 SZ630/3500 型螺杆式注射成型机完全符合本模具的使用要求。

7.3.4　设计计算

7.3.4.1　成型零件的尺寸计算

平均收缩率为 0.2%。根据塑件尺寸公差要求，模具的制造公差取 $\delta_{\mathrm{z}}=\Delta/4$。成型零件尺寸计算如表 7-6 所示。

7.3.4.2　冷却系统水管孔径的计算

根据热平衡计算，在单位时间内熔体凝固时放出等热量等于冷却水所带走的热量，故有公式：

$$q_{\mathrm{V}}=\frac{WQ_1}{\rho c_1(t_1-t_2)}$$

式中　q_{V}——冷却水的体积流量，$\mathrm{m}^3/\mathrm{min}$；

　　　W——单位时间（每分钟）内注入模具中的塑料质量，kg/min；

　　　Q_1——单位质量的塑料制品在凝固时所放出的热量，kJ/kg；

　　　ρ——冷却水密度；

　　　c_1——冷却水的比热容；

　　　t_1——冷却水出口温度；

　　　t_2——冷却水入口温度。

表 7-6　成型零件的尺寸计算

已知条件：平均收缩率 $S_{cp}=0.002$；模具的制造公差取 $\delta_z=\Delta/4$

类别	零件名称	塑件尺寸	计算公式	型腔或型芯工作尺寸
型腔计算	大型腔	$\phi121_{-0.92}^{0}$	$L_m=(L_s+L_sS_{cp}-3\Delta/4)_{0}^{+\delta_z}$	$\phi121.04_{0}^{+0.23}$
		$115_{0}^{+0.82}$		$115.08_{0}^{+0.21}$
		$\phi86_{-0.72}^{0}$		$\phi84.980_{0}^{+0.18}$
		$\phi68_{-0.64}^{0}$		$\phi67.93_{0}^{+0.16}$
		$\phi119_{-0.72}^{0}$		$\phi119.17_{0}^{+0.18}$
		$\phi22_{-0.32}^{0}$		$\phi21.89_{0}^{+0.08}$
		$94_{-0.72}^{0}$		$94.02_{0}^{+0.18}$
		$2_{-0.16}^{0}$		$1.97_{0}^{+0.04}$
		$39_{-0.42}^{0}$		$38.92_{0}^{+0.10}$
	小型腔	$R5_{-0.18}^{0}$	$L_m=(L_s+L_sS_{cp}-3\Delta/4)_{0}^{+\delta_z}$	$R4.9_{0}^{+0.05}$
		$12_{-0.48}^{0}$		$11.71_{0}^{+0.12}$
		$1.5_{-0.36}^{0}$		$1.24_{0}^{+0.09}$
型芯计算	小型芯	$\phi22_{0}^{+0.54}$	$L_m=(L_s+L_sS_{cp}+3\Delta/4)_{-\delta_z}^{0}$	$\phi22.54_{-0.14}^{0}$
	侧型芯	$\phi3.4_{0}^{+0.16}$		$\phi3.54_{-0.04}^{0}$
		$\phi6.7_{0}^{+0.2}$		$\phi6.89_{-0.05}^{0}$
	大型芯	$\phi81_{0}^{+0.54}$	$L_m=(L_s+L_sS_{cp}+3\Delta/4)_{-\delta_z}^{0}$	$\phi81.89_{-0.14}^{0}$
		$\phi66_{0}^{+0.54}$		$\phi66.80_{-0.14}^{0}$
		$7.0_{0}^{+0.20}$		$7.19_{-0.05}^{0}$
		$12.0_{0}^{+0.24}$		$12.25_{-0.06}^{0}$
		$28.0_{0}^{+0.32}$		$28.41_{-0.08}^{0}$
		$113_{0}^{+0.82}$		$114.29_{-0.2}^{0}$

(1) 求塑料制品在固化时每小时释放的热量 Q

设注射时间为 2s，冷却时间为 20s，保压时间为 15s，开模取件时间为 3s，得注射成型周期为 40s。

设用 20℃ 的水作为冷却介质，其出口温度为 28℃，水呈湍流状态，1h 成型次数 $n=3600/40=90$ 次，则

$$W=Mn=66.7\times90\approx6 \text{（kg/h）}$$

查相关手册得 PP 单位质量放出的热量 $Q_1=5.9\times10^2\text{kJ/kg}$，故

$$Q=WQ_1=6\times5.9\times10^2=3.54\times10^3 \text{（kJ/h）}$$

(2) 水的体积流量

由上述公式得

$$q_V=\frac{WQ_1}{\rho c_1(t_1-t_2)}=\frac{3540\div60}{10^3\times4.187\times(28-20)}=1.76\times10^{-3} \text{（m}^3\text{/min）}$$

(3) 求冷却水道直径 d

根据水的体积流量查相关手册得：$d=8\text{mm}$。

7.3.4.3 浇注系统尺寸的计算

(1) 分流道截面尺寸的计算

对于壁厚小于 3mm、质量在 200g 以下的塑料制件品，可采用如下的经验公式来计算分流道的直径：

$$D=0.2654M^{1/2}L^{1/4}$$

式中　　D——分流道的直径，mm；

　　　　L——分流道的长度，mm。

将数据代入公式得：

$$D=0.2654G^{1/2}L^{1/4}=0.2564\times66.7^{1/2}\times4.75^{1/4}=3.1（mm）$$

(2) 侧浇口深度 (h) 和宽度 (W) 的经验公式如下：

$$h=nt$$
$$W=nA^{1/2}/30$$

式中　　n——塑料材料系数，查得 PP 的系数为 0.7；

　　　　t——制品的壁厚，mm；

　　　　A——型腔外表面积，mm^2。

将数据代入公式得：$h=1.4mm$，$W=4.42mm$，浇口长度 L 取经验值 0.54mm。

由公式

$$\gamma=6q/(Wh^2)\geqslant10^4s^{-1}$$

式中　　q——熔体的充模速度，cm^3/s。

进行校核，校核其是否合理。

制件的体积为 $V_1=72.54cm^3$，由前述知充模时间为 2s，故 $q=36.27cm^3/s$，于是：

$$\gamma=6q/(Wh^2)=6\times36.27/(0.442\times0.14^2)=2.5\times10^4s^{-1}\geqslant10^4s^{-1}$$

符合要求。

7.3.4.4 凹模壁厚和底部厚度计算

以下各符号的含义为：

R——凹模外半径，mm；

r——凹模内半径，mm；

E——模具钢材的弹性模量，MPa；

p——模具型腔内最大的压力，MPa；

μ——模具钢材的泊松比，$\mu=0.25$；

δ_μ——模具强度计算的许用变形量，mm；

σ_p——模具强度计算许用应力，MPa。

查相关手册，得：

$$r=52mm$$
$$E=2.2\times10^5MPa$$
$$p=40MPa$$
$$\sigma_p=300MPa$$
$$\delta_p=0.023mm$$

(1) 凹模侧壁厚度的计算

① 按刚度条件计算，公式为

$$R = r \sqrt{\dfrac{\dfrac{\delta_\mathrm{p} E}{rp} + 1 - \mu}{\dfrac{\delta_\mathrm{p} E}{rp} - 1 - \mu}}$$

将数据代入公式得：

$R = 52 \times [(0.023 \times 2.2 \times 10^5 + 0.75 \times 52 \times 40)/(0.023 \times 2.2 \times 10^5 - 1.25 \times 52 \times 40)]^{\frac{1}{2}}$

$= 85$（mm）

② 按强度条件计算，公式为

$$R = r \sqrt{\dfrac{\sigma_\mathrm{p}'}{\sigma_\mathrm{p}' - 2P}} \quad (\sigma_\mathrm{p}' > 2P)$$

$$\sigma_\mathrm{p}' = 133\mathrm{MPa}$$

$$P = 25\mathrm{MPa}$$

将数据代入公式得：$R = 65.82\mathrm{mm}$。

综合得：$R = 85\mathrm{mm}$。

（2）底部厚度的计算

① 按刚度条件计算，公式为

$$t = \sqrt{\dfrac{3Pr^2}{4\sigma_\mathrm{p}}}$$

将数据代入公式得：$t = 13\mathrm{mm}$。

② 按强度条件计算，公式为

$$t = \sqrt[3]{\dfrac{0.1758Pr^4}{E\delta_\mathrm{p}}}$$

将数据代入公式得：$t = 18.51\mathrm{mm}$。

综合得：$t = 20\mathrm{mm}$。

7.3.4.5 推件板厚度的计算

按刚度条件计算，公式为

$$h = \left(\dfrac{C_2 Q_\mathrm{e} R^2}{E\delta_\mathrm{p}}\right)^{\frac{1}{3}}$$

按强度条件计算，公式为

$$h = \left(K_2 \dfrac{Q_\mathrm{e}}{\sigma_\mathrm{p}}\right)^{\frac{1}{2}}$$

式中　h——推件板的厚度，mm；

　C_2——随 R/r 值变化系数；

　R——推杆作用在推件板上的几何半径，mm；

　r——推件板圆形内孔，mm；

　K_2——随 R/r 值变化系数；

　Q_e——脱模阻力，N；

　E——推杆材料的弹性模量，MPa；

　σ_p——推件板材料的许用应力，MPa；

　δ_p——推件板中心允许的变形量，通常取制件尺寸公差的 $1/10 \sim 1/5$，mm；

查相关手册得：$C_2=0.0249$，$K_2=0.488$，$R=174.14\text{mm}$，$r=120.44\text{mm}$，$E=209\times10^3\text{MPa}$，$Q_e=6.283\times10^3\text{N}$，$\sigma_p=300\text{MPa}$，$\delta_p=0.92/5=0.18$。

综合考虑强度条件和刚度条件，取 $h=5\text{mm}$。

7.3.4.6 脱模机构相关计算

(1) 脱模力、斜导柱直径、推杆直径的计算

① 侧型芯脱模力计算

$$Q_{c1}=10f_c\alpha E(T_f-T_j)th$$

式中　Q_{c1}——制件对型芯包紧脱模阻力，N；

f_c——脱模系数；

α——塑料的线胀系数，℃^{-1}；

E——在脱模温度下塑料的抗拉弹性模量，MPa；

T_f——软化温度，℃；

T_j——脱模顶出时的制品温度，℃；

t——制件的厚度，mm；

h——型芯脱模方向的高度，mm。

查阅相关手册得：$f_c=0.45$，$\alpha=7.8\times10^{-5}\text{℃}^{-1}$，$E=1.2\times10^3\text{MPa}$，$T_f=110\text{℃}$，$T_j=60\text{℃}$，$t=2\text{mm}$，$h=17\text{mm}$。

将数据代入公式得：$Q_{c1}=716\text{N}$。

查相关手册得斜导柱直径：$d=20\text{mm}$。

② 主型芯脱模力计算。$115/2\approx58>20$，属于厚壁塑件，则主型芯脱模力计算公式为

$$Q_{c2}=1.25Kf_cuE(T_t-T_j)A_c-(d_k+2t)^2+d_k^2+\mu(d_k+2t)^2-d_k^2$$

式中　Q_{c2}——制件对型芯包紧脱模阻力，N；

A_c——制件包紧型芯的有效面积，mm^2；

d_k——制件直径，mm；

K——脱模斜度系数，其中，$K=(f_c\cos\beta-\sin\beta)/[f_c(1+f_c\cos\beta\sin\beta)]$；

μ——在脱模温度下的泊松比。

将数据代入得：$Q_{c2}=5567\text{N}$。

总脱模阻力为：

$$Q_c=Q_{c1}+Q_{c2}=6.283\times10^3\text{N}$$

③ 推杆直径计算

直径确定公式：

$$d=K(l^2Q_e/E)^{1/4}$$

直径校核公式：

$$\sigma_c=4Q_e/(n\pi d^2)\leqslant\sigma_s$$

式中　d——推杆的直径，mm；

K——安全系数；

l——推杆长度，mm；

Q_e——脱模阻力，N；

E——推杆材料的弹性模量，MPa；

n——推杆的数目；

σ_c——推杆所受的压应力，MPa；

σ_s——推杆材料的屈服点，MPa。

查相关手册得：$K=1.6$，$l=215.6$mm，$Q_e=6.283\times10^3$N，$E=209\times10^3$MPa，$\sigma_s=353$MPa。

将数据代入公式得：$d=9.8$mm。

用公式 $\sigma_c=4Q_e/(n\pi d^2)$ 校核得：

$$\sigma_c=20.82\text{MPa}<\sigma_s=353\text{MP}$$

故 $d=9.8$mm 符合要求。

（2）推杆长度计算

$$L_\text{工}=S+推杆行程+3=215.5\ (\text{mm})$$

（3）侧抽芯距计算

完成抽拔距为 S 所需的最小开模行程 H 由下式计算：

$$H=S\cot\alpha$$

式中　α——斜导柱的斜角，（°），在此取 20°。

由制件图可知 $S=11$mm，故：

$$H=11\cot20°=31\ (\text{mm})$$

7.3.5　模具结构分析与设计

7.3.5.1　型腔数目的确定

制件特点及生产实际，采用一模一腔结构，其主要优点为：

① 保证产品的精度要求。

② 冷却系统便于设置，同时冷却效果很好。

③ 模具开模距离小。

7.3.5.2　分型面的确定

从模具结构及成型工艺的角度出发，有以下三种方案可供选择。

（1）方案一

如图 7-24 所示，选择最大面处为分型面。

方案一的优点为：

① 有一个分型面，开模距离小，模具可用两板式，其结构简单。

② 从上端采用侧浇口进料不影响制件表面质量，且流程短、压力损失小。

方案一的缺点：

① 所需开模力大。

② 冷却系统安置不便，与模具其他结构发生干涉，同时造成模具体积庞大，冷却效果不佳。

③ 制件采用推管推出，由于推管与小型芯磨损，配合间隙增大，从而发生飞边。

④ 开模时，制件包紧大型芯，由于包紧力较大，制件易变形。

由以上分析可知：方案一不可取。

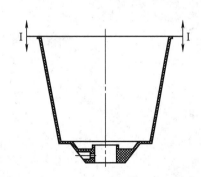

图 7-24　分型面确定方案一

(2) 方案二

如图 7-25 所示，选择两个分型面。

方案二的优点为：

① 两个分型面，但由于侧抽芯距不大，开模距离不大。

② 模具在Ⅰ—Ⅰ处分型完成侧抽芯动作，可使制件留置在动模；在Ⅱ—Ⅱ分型完成推出制件动作。

③ 制件采用推件板推出，推出动作稳定可靠，制件受力均匀不变形。

④ 将分流道和浇口放在型芯上，有利模具的制造。

⑤ 模具冷却系统的安置更合理且冷却效果大大提高。

方案二的缺点为：

① 主流道的流程变长。

② 分流道和浇口安置复杂。

方案二缺点的解决方案为：

① 采用延伸式喷嘴使主流道的流程变短。

② 将浇口套和小型芯制成一体，将分流道和浇口做在浇口道上，有利于制件上直径为

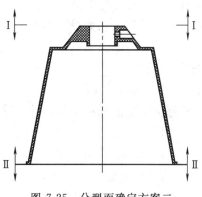

图 7-25　分型面确定方案二

22mm 的孔的端面高度尺寸的保证又有利于模具的制造。

(3) 方案三

如图 1-4 所示，该方案是在方案二的基础上采用点浇口进料，推出方式和冷却方式同方案二。

方案三的优点为：

① 有利于保证直径为 22mm 的孔的高度尺寸精度。

② 有利于塑料熔体充模，减少熔接痕。

方案三的缺点为：模具结构复杂，成本大大提高。

结论：通过以上分析可知，从保证产品的质量和

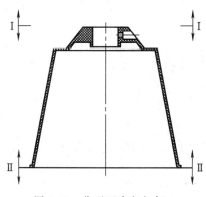

图 7-26　分型面确定方案三

降低模具成本的角度考虑优选方案二。

7.3.5.3　型腔和型芯的结构和固定方式

型腔采用镶块式结构，其优点为：

① 利于模具温度控制，冷却充分。

② 零件更换方便。

③ 缩短模具制造周期。

型腔和型芯固定方式：采用台肩固定。其优点为：

① 加工方便。

② 减少安装过程中出现的偏差。

7.3.5.4　浇注系统的确定

模具分型面设置采用方案二，直径为 22mm 的孔的内部端面用 4 个侧浇口进料，且分流

道和侧浇口做在小型芯上。这样设计，一方面有利于模具的制造，另一方面保证端面尺寸的精度。如将分流道和侧浇口做在大型芯上，由于浇注凝料的存在，使其端面凸凹不平，不能保证尺寸精度。侧浇口采用矩形侧浇口，有利控制熔体的充模。分流道采用梯形截面形式，流动阻力小。

7.3.5.5　脱模方式的确定

根据分型面的选择及制件外形特点，采用推件板推出制件。其优点有：

① 制件受力均匀，在推出时不产生变形。

② 制件表面质量不受影响。

③ 无须设置复位杆，使模具结构紧凑。

7.3.5.6　冷却系统的结构设计

PP 的熔点和熔点热焓量比 LDPE 高，在结晶和冷却过程中会放出较多的热量，故模具应设置冷却系统。冷却采用螺旋水道方式，冷却均匀，这样使模具有恒定的模温，能有效地减少塑件成型时收缩的波动，保证塑件的尺寸精度，防止制件翘曲变形。

7.3.5.7　排气方式的确定

通过分型面和小型芯处的间隙排气。

7.3.5.8　模具结构设计

电风扇罩注射成型模具的主视图、俯视图和明细表分别如图 7-27～图 7-29 所示。

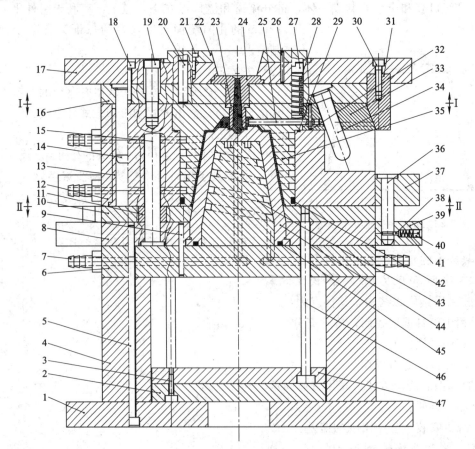

图 7-27　电风扇罩注射模的主视图

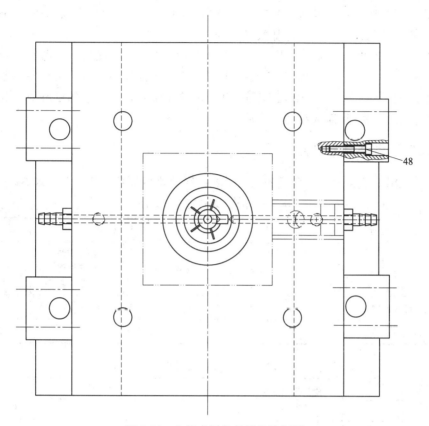

图 7-28 电风扇罩注射模的俯视图

							16	垫板	1
48	螺钉	16	32	销	1		15	小导柱	4
47	推杆固定板	1	31	楔紧块	1		14	导柱	4
46	推杆	4	30	螺钉	1		13	导套	4
45	密封圈	1	29	密封圈	1		12	型腔固定板	1
44	型芯镶块	1	28	压缩弹簧	4		11	小导套	4
43	隔水柱	1	27	螺塞	4		10	推件板	1
42	密封圈	1	26	销	2		9	销	4
41	弹簧	4	25	侧型芯	1		8	型芯固定板	1
40	螺塞	4	24	浇口套	1		7	水嘴	4
39	扣锁压板	4	23	小型芯	1		6	支承板	1
38	锁紧销	4	22	定位圈	1		5	螺钉	4
37	扣锁压块	4	21	螺钉	3		4	垫块	2
36	扣锁导柱	4	20	销	2		3	螺钉	4
35	型腔镶块	1	19	限位螺钉	4		2	推板	1
34	斜导柱	1	18	螺钉	4		1	动模座板	1
33	斜滑块	1	17	定模座板	1		序号	名称	数量

图 7-29 电风扇罩注射模的明细表

该模具采用顺序分型脱模机构和斜导柱侧向分型与抽芯机构，完成制品的侧抽与脱模。型芯采用螺旋水道的冷却方式，冷却效果较好。

开模时在压缩弹簧 28 的作用下，Ⅰ—Ⅰ分型面分型，斜导柱 34 驱动斜滑块 33 动作，继续开模至一定距离后，限位螺钉 19 发挥作用，Ⅱ—Ⅱ分型面分型，由于制品抱紧力的作用，制品抱在型芯镶块 44 上，留在动模一边。完成开模后，注射机的推杆驱动模具的推出机构将制品推出，完成注射成型的一个周期。

7.3.6　成型工艺参数的确定

PP 注射成型工艺参数的选择如表 7-7 所示，模塑成型工艺卡如表 7-8 所示。

表 7-7　PP 注射成型工艺参数

工 艺 参 数		规格	工 艺 参 数		规格
料筒温度/℃	后段	160~220	成型时间/t	注射时间	2
	中段	180~200		保压时间	15
	前段	160~180		冷却时间	20
喷嘴温度/℃		220~310	螺杆转速/r·min^{-1}		40
模具温度/℃		20~60	注射压力/MPa		70~100

表 7-8　模塑成型工艺卡

××××		电风扇罩成型工艺卡片		资料编号		
车间				共　页	第　页	
零件名称	电风扇罩	材料牌号	PP	设备型号	SZ630/3500	
装配图号	0001	材料定额/g	69	每模件数	1	
零件图号	0001-1	单件质量/g	66.74	工 装 号		
零件图（比例:1:4）		材料干燥		设备	真空干燥机	
				温度/℃	80	
				时间/h	2	
		料筒温度/℃		后段	160~220	
				中段	180~200	
				前段	160~180	
				喷嘴	220~310	
		模具温度/℃			20~60	
		成型时间/s		注射	2	
				保压	15	
				冷却	20	
		压力/MPa		注射压力	70~100	
				背压	10~15	
后处理	温度		时间额定/s	辅助	10	
	时间			单件		
处理						
编制		校　对		审　核		

7.4 电流线圈架注射模设计

本实例根据一个塑件的模塑成型要求，综合介绍塑件的注射成型工艺的选择、成型模具的设计程序、模具主要零部件的加工工艺规程的编制及模具装配与试模的工艺方法等内容。

7.4.1 模塑工艺规程的编制

该塑件是电流表中的一个电流线圈架，其零件图如图 7-30 所示。本塑件的材料采用增强聚丙烯，生产类型为大批量生产。

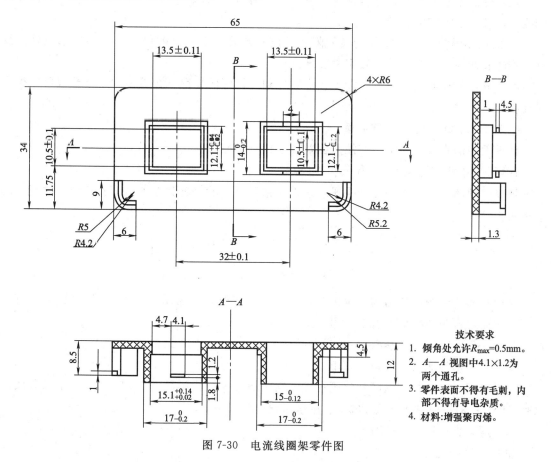

图 7-30 电流线圈架零件图

技术要求
1. 倾角处允许 $R_{max}=0.5mm$。
2. $A-A$ 视图中 4.1×1.2 为两个通孔。
3. 零件表面不得有毛刺，内部不得有导电杂质。
4. 材料：增强聚丙烯。

7.4.1.1 塑件的工艺性分析

(1) 塑件的原材料分析

塑件的材料采用增强聚丙烯（本色），属热塑性塑料。从使用性能上看，该塑料刚度好、耐水、耐热性强，其介电性能与温度和频率无关，是理想的绝缘材料；从成型性能上看，该塑料吸水性小，熔料的流动性较好，成型容易，但收缩率大。另外，该塑料成型时易产生缩孔、凹痕、变形等缺陷，成型温度低时，方向性明显，凝固速度较快，易产生内应力。因此，在成型时应注意控制成型温度，浇注系统应缓慢散热，冷却速度不宜过快。

(2) 塑件的结构和尺寸精度及表面质量分析

① 结构分析。从零件图上分析，该零件总体形状为长方形，在宽度方向的一侧有 2

个高度为 8.5mm 的凸耳，在 2 个高度为 12mm、长、宽分别为 17mm 和 14mm 的凸台上，有一个带有 4.1mm×1.2mm 的凹槽（对称分布），另一个带有 4mm×1mm 的凸台（对称分布）。因此，模具设计时必须设置侧向分型抽芯机构，该零件属于中等复杂程度。

② 尺寸精度分析。该零件重要尺寸如："$12.1_{-0.12}^{0}$"、"$12.1_{+0.02}^{+0.04}$"、"$15.1_{+0.02}^{+0.14}$"、"$15_{-0.12}^{0}$" 等尺寸精度为 MT1 级（GB/T 14486—1993），次重要尺寸如："13.5 ± 0.11"、"$17_{-0.2}^{0}$"、"10.5 ± 0.1"、"$14_{-0.2}^{0}$" 等的尺寸精度为 MT3 级（GB/T 14486—1993）。由以上分析可见，该零件的尺寸精度中等偏上，对应的模具相关零件的尺寸加工可以保证。

从塑件的壁厚上来看，壁厚最大处为 1.3mm，最小处为 0.95mm，壁厚差为 0.35mm，较均匀，有利于零件的成型。

③ 表面质量分析。该零件的表面除要求没有缺陷、毛刺，内部不得有导电杂质外，没有特别的表面质量要求，故比较容易实现。

综上分析可以看出，注射时在工艺参数控制得较好的情况下，零件的成型要求可以得到保证。

7.4.1.2　计算塑件的体积和质量

计算塑件的质量是为了选用注射机及确定模具型腔数。

计算塑件的体积：$V=4087mm^3$（过程略）。

计算塑件的质量：根据设计手册可查得增强聚丙烯的密度为 $\rho=1.04kg/dm^3$，故塑件的质量为：

$$W=V\rho=4087\times1.04\times10^{-3}$$

$$=4.25（g）$$

采用一模两件的模具结构，考虑其外形尺寸、注射时所需压力和工厂现有设备等情况，初步选用注射机为 XS-Z-60 型。

7.4.1.3　塑件注射工艺参数的确定

增强聚丙烯的成型工艺参数如下。

注射温度：包括料筒温度和喷嘴温度，料筒温度，后段温度 t_1 选用 220℃；中段温度 t_2 选用 240℃；前段温度 t_3 选用 260℃；喷嘴温度选用 220℃；

注射压力：选用 100MPa；

注射时间：选用 30s；

保　　压：选用 72MPa；

保压时间：选用 10s；

冷却时间：选用 30s。

7.4.2　模具设计的有关计算

本例中成型零件工作尺寸计算时均采用平均尺寸、平均收缩率、平均制造公差和平均磨损量来计算。

查表得增强聚丙烯的收缩率为 0.4%～0.8%，故平均收缩为 (0.4%＋0.8%)/2＝0.6%，考虑到工厂模具制造的现有条件，模具制造公差取 $\delta_z=\Delta/3$。

7.4.2.1　型腔和型芯工作尺寸计算

型腔和型芯工作尺寸计算见表 7-9。

表 7-9　型腔、型芯工作尺寸计算

类别	序号	模具零件名称	塑件尺寸	计算公式	型腔或型芯的工作尺寸
型腔的计算	1	下凹模镶块	$17_{-0.2}^{0}$	$L_m = \left(L_s + L_s S_{cp} - \dfrac{3}{4}\Delta \right)_{0}^{+\delta_z}$	$16.95_{0}^{+0.07}$
			$15_{-0.12}^{0}$		$15_{0}^{+0.04}$
			$14_{-0.2}^{0}$		$13.93_{0}^{+0.07}$
			$12.1_{-0.12}^{0}$		$12.08_{0}^{+0.04}$
			$4.5_{-0.1}^{0}$	$H_m = \left(H_s + H_s S_{cp} - \dfrac{2}{3}\Delta \right)_{0}^{+\delta_z}$	$4.4_{0}^{+0.03}$
	2	凸耳对应的型腔	$R5.2_{-0.1}^{0}$	$L_r = \left(L_{rs} + L_{rs} S_{cp} - \dfrac{3}{4}\Delta \right)_{0}^{+\delta_z}$	$5.12_{0}^{+0.03}$
			$R5_{-0.1}^{0}$		$4.95_{0}^{+0.03}$
			$R4.2_{-0.1}^{0}$		$4.15_{0}^{+0.03}$
			8.5 ± 0.05	$H_m = \left(H_s + H_s S_{cp} - \dfrac{2}{3}\Delta \right)_{0}^{+\delta_z}$	$8.44_{0}^{+0.03}$
			1 ± 0.05		$0.98_{0}^{+0.03}$
	3	上凹模镶块	$65_{-0.2}^{0}$	$L_m = \left(L_s + L_s S_{cp} - \dfrac{3}{4}\Delta \right)_{0}^{+\delta_z}$	$64.4_{0}^{+0.07}$
			$34_{-0.2}^{0}$		$33.95_{0}^{+0.07}$
			$R6_{-0.1}^{0}$		$5.96_{0}^{+0.03}$
			$1.3_{-0.06}^{0}$	$H_m = \left(H_s + H_s S_{cp} - \dfrac{2}{3}\Delta \right)_{0}^{+\delta_z}$	$1.26_{0}^{+0.02}$
型芯的计算	1	右型芯	10.5 ± 0.1	$L_m = \left(L_s + L_s S_{cp} + \dfrac{3}{4}\Delta \right)_{-\delta_z}^{0}$	$10.61_{-0.07}^{0}$
			13.5 ± 0.11		$13.63_{-0.07}^{0}$
			$12_{0}^{+0.16}$	$h_m = \left(h_s + h_s S_{cp} + \dfrac{2}{3}\Delta \right)_{-\delta_z}^{0}$	$12.17_{-0.05}^{0}$
	2	左型芯	$15.1_{+0.02}^{+0.14}$	$L_m = \left(L_s + L_s S_{cp} + \dfrac{3}{4}\Delta \right)_{-\delta_z}^{0}$	$15.3_{-0.04}^{0}$
			$12.1_{+0.02}^{+0.04}$		$12.2_{-0.02}^{0}$
			$4.5_{0}^{+0.1}$	$h_m = \left(h_s + h_s S_{cp} + \dfrac{2}{3}\Delta \right)_{-\delta_z}^{0}$	$4.59_{-0.03}^{0}$
孔距		型孔之间的中心距	32 ± 0.1	$C_m = (C_s + C_s S_{cp}) \pm \dfrac{\delta_z}{2}$	32.19 ± 0.03

7.4.2.2　型腔侧壁厚度和底板厚度计算

(1) 下凹模镶块型腔侧壁厚度及底板厚度计算

① 下凹模镶块型腔侧壁厚度计算。下凹模镶块型腔为组合式矩形型腔，根据组合式矩形型腔侧壁厚计算公式

$$h = \sqrt[3]{\frac{paL_1^4}{32EA[\delta]}}$$

进行计算。

式中各参数分别为：

$p = 40\text{MPa}$（选定值）；

$a = 12\text{mm}$；

$L_1 = 16.85\text{mm}$（根据上节型腔工作尺寸计算得长、宽尺寸为 16.85mm、3.83mm，取大值进行计算）；

$E=2.1\times10^5$MPa；

$A=40$mm（初选值）；

$[\delta]=0.025\sim0.04$mm，取 $[\delta]=0.035$mm。

代入公式计算得

$$h=\sqrt[3]{\dfrac{paL_1^4}{32EA[\delta]}}$$

$$=\sqrt[3]{\dfrac{40\times12\times16.85^4}{32\times2.1\times10^5\times40\times0.035}}$$

$$=1.6\ (\text{mm})$$

考虑到下凹模镶块还需安放侧向抽芯机构，故取下凹模镶块的外形尺寸为 80mm×50mm。

② 下凹模镶块底板厚度计算。根据组合式型腔底板厚度计算公式

$$H=\sqrt{\dfrac{3pbL^2}{4B[\delta]}}$$

进行计算。

式中各参数分别为：

$p=40$MPa；

$b=13.83$mm；

$L=90$mm（初选值）；

$B=190$mm（根据模具初选外形尺寸确定）；

$[\delta]=160$MPa（底板材料选定为 45 钢）。

代入公式计算得

$$H=\sqrt{\dfrac{3pbL^2}{4B[\delta]}}=\sqrt{\dfrac{3\times40\times13.83\times90^2}{4\times190\times160}}$$

$$=10.5\ (\text{mm})$$

考虑模具的整体结构协调，取 $H=25$mm。

(2) 上凹模型腔侧壁厚的确定

上凹模镶块型腔为矩形整体式型腔，根据矩形整体式型腔侧壁厚度计算公式进行计算。

由于型腔高度 $a=1.2$mm 很小，因而所需的 h 值也较小，故在此不计算，而是根据下凹模镶块的外形尺寸来确定。

上凹模镶块的结构及尺寸如图 7-31 所示。

7.4.3 模具加热与冷却系统的计算

本塑件在注射成型时不要求有太高的模温因而在模具上可不设加热系统。是否需要冷却系统可进行如下设计计算。

设定模具平均工作温度为 40℃，用常温 20℃ 的水作为模具冷却介质，其出口温度为 30℃，产量为（初算每 2min 产 1 套）0.26kg/h。

(1) 求塑件在硬化时每小时释放的热量 Q_3

聚丙烯的单位热流量为 59×10^4J/kg，则

$$Q_3 = WQ_1 = 0.26 \times 59 \times 10^4$$
$$= 15.34 \times 10^4 \quad (\text{J/h})$$

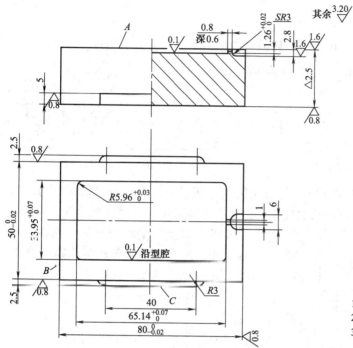

图 7-31 上凹模镶块的结构与尺寸

（2）求冷却水的体积流量 q_V

$$q_V = \frac{WQ_1}{\rho c_1 (t_1 - t_2)}$$
$$= \frac{15.34 \times 10^4 / 60}{10^3 \times 4.187 \times 10^3 \times (30 - 20)}$$
$$= 0.61 \times 10^{-4} \quad (\text{m}^3/\text{min})$$

由体积流量 q_V 可知所需的冷却水管直径非常小。

由上述计算可知，因为模具每分钟所需的冷却水体积流量很小，故可不设冷却系统，依靠空冷的方式冷却模具即可。

7.4.4　注射模的结构设计

注射模结构设计主要包括：分型面选择、模具型腔数目的确定及型腔的排列方式和冷却水道布局以及浇口位置设置、模具工作零件的结构设计、侧向分型与抽芯机构的设计、推出机构的设计等内容。

7.4.4.1　分型面选择

模具设计中，分型面的选择很关键，它决定了模具的结构。应根据分型面选择原则和塑件的成型要求来选择分型面。

该塑件为机内骨架，表面质量无特殊要求，但在绕线的过程中上端面与工人的手指接触较多，因此上端面最好自然形成圆角。此外，该零件高度为 12mm，且垂直于轴线的截面形状比较简单和规范，若选择如图 7-32 所示水平分型方式既可降低模具的复杂程度，减少模具加工难度，又便于成型后出件。故选用如图 7-32 所示的分型方式较为合理。

7.4.4.2　确定型腔的排列方式

本塑件在注射时采用一模两件，即模具需要两个型腔。综合考虑浇注系统，模具结构的复杂程度等因素拟采取如图 7-33 所示的型腔排列方式。

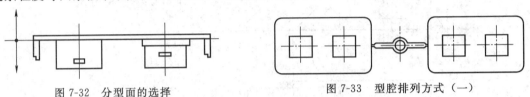

图 7-32　分型面的选择　　　　　　图 7-33　型腔排列方式（一）

采用 7-33 所示的型腔排列方式的最大优点是便于设置侧向分型抽芯机构，其缺点是熔料进入型腔后到另一端的料流长度较长，但因本塑件较小，故对成型没有太大影响。

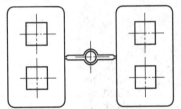

图 7-34　型腔排列方式（二）

若采用如图 7-34 所示的型腔排列方式，显然料流长度较短，但侧向分型抽芯机构设置相当困难，势必成倍增加模具结构的复杂程度。

7.4.4.3　浇注系统设计

(1) 主流道设计

根据设计手册查得 XS-Z-60 型注射机喷嘴的有关尺寸。

喷嘴前端孔径：$d_0 = 4mm$。

喷嘴前端球面半径：$R_0 = 12mm$。

根据模具主流道与喷嘴的关系：

$$R = R_0 + (1 \sim 2)mm$$

$$D = d_0 + (0.5 \sim 1)mm$$

取主流道球面半径 $R = 13mm$；取主流道的小端直径 $d = 4.5mm$。

为了便于将凝料从主流道中拨出，将主流道设计成圆锥形，其斜度为 $1° \sim 3°$，经换算得主流道大端直径 $D = 8.5mm$。为了使熔料顺利进入分流道，可在主流道出料端设计半径 $r = 5mm$ 的圆弧过渡。

(2) 分流道设计

分流道的形状及尺寸，应根据塑件的体积、壁厚、形状的复杂程度、注射速率、分流道长度等因素来确定。本塑件的形状不算太复杂，熔料填充型腔比较容易。根据型腔的排列方式可知分流道的长度较短，为了便于加工，选用截面形状为半圆形分流道，查表得 $R = 4mm$。

(3) 浇口设计

根据塑件的成型要求及型腔的排列方式，选用侧浇口较为理想。

设计时考虑选择从壁厚为 1.3mm 处进料，料由厚处往薄处流，而且在模具结构上采取镶拼式型腔、型芯，有利于填充、排气。故采用截面为矩形的侧浇口，查表初选尺寸（$b \times l \times h$）为：1mm×0.8mm×0.6mm，试模时修正。

7.4.4.4　抽芯机构设计

本例的塑件侧壁各有一对小凹槽和小凸台，它们均垂直于脱模方向，阻碍成型后塑件从模具脱出。因此成型小凹槽或小凸台的零件必须制成活动的型芯，即须设置抽芯机构。

本模具采用斜导柱抽芯机构。

(1) 确定抽芯距

抽芯距一般应大于成型孔（或凸台）的深度，本例中塑件孔壁 H_1、凸台高度 H_2 相等，均为

$$H_1 = H_2 = (14 - 12.1)/2 = 0.95 \text{（mm）}$$

另加 3～5mm 的抽芯安全系数，可取抽芯距 $S_{抽} = 4.9\text{mm}$。

(2) 确定斜导柱倾角

斜导柱的倾角 α 是斜抽芯机构的主要技术数据之一，它与抽拔力以及抽芯距有直接关系，一般取 $\alpha = 15° \sim 25°$，本例选取 $\alpha = 20°$。

(3) 确定斜导柱的尺寸

斜导柱的直径取决于抽拔力及其倾角，可按设计资料的有关公式进行计算，本例经验估值，取斜导柱的直径 $d = 14\text{mm}$。

斜导柱的长度根据抽芯距、固定端模板的厚度、斜导柱直径及倾角大小确定，计算公式为：

$$L = l_1 + l_2 + l_4 + l_5 + l_3$$

由于上模座板和上凸模固定板尺寸尚不确定，即 h_a 不确定，故暂选 $h_a = 25\text{mm}$。如该设计中 h_a 有变化，则修正 L 的长度。取 $D - 20\text{mm}$，取 $L = 55\text{mm}$。

(4) 滑块与导滑槽设计

① 滑块与侧型芯（孔）的连接方式设计。本例中侧向抽芯机构主要是用于成型零件的侧向孔和侧向凸台，由于侧向孔和侧向凸台的尺寸较小，考虑型芯强度和装配问题，采用组合式结构。型芯与滑块的连接采用镶嵌方式，其结构如图 7-35 所示。

② 滑块的导滑方式。本例中为使模具结构紧凑，降低模具装配复杂程度，拟采用整体式滑块和整体式导向槽的形式，其结构如图 7-36 所示。

为提高滑块的导向精度，装配时可对导向槽或滑块采用配磨、配研的装配方法。

③ 滑块的导滑长度和定位装置设计。本例中由于侧抽芯距较短，故导滑长度只要符合滑块在开模时的定位要求即可。滑块的定位装置采用弹簧与台阶的组合形式，如图 7-35 所示。

7.4.4.5　成型零件结构设计

(1) 凹模的结构设计

本例中模具采用一模两件的结构形式，考虑加工的难易程度和材料的充分利用等因素，凹模拟采用镶嵌式结构，其结构形式如图 7-35 所示。图中件 18 上的两对凹槽用于安放侧型芯。

根据本例要求，分流道和浇口均设在上凹模镶块上。

(2) 凸模结构设计

凸模主要是与凹模相结合构成模具的型腔，其凸模（型芯）和侧型芯的结构形式如图 7-35 中件 17、19、27、28 所示。

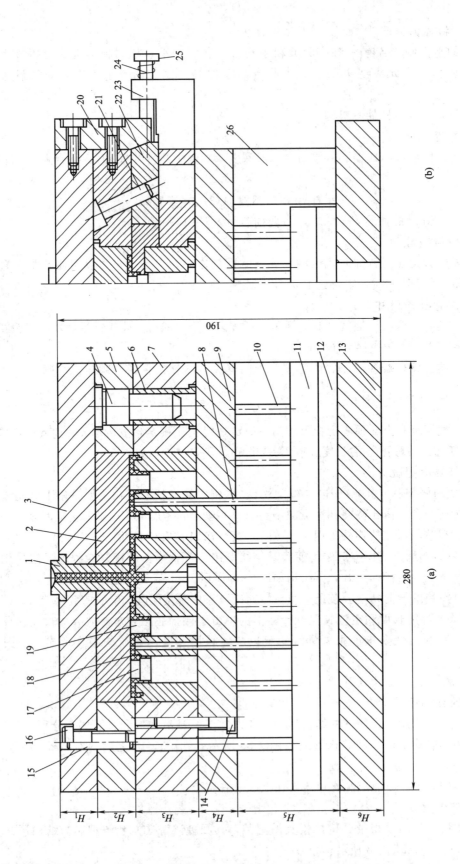

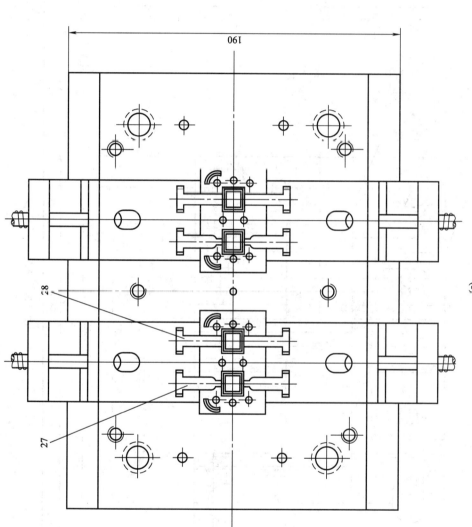

(c)

图 7-35 电流线圈架注射模

1—浇口套; 2—上凹模镶块; 3—定模座板; 4—导柱; 5—上固定板; 6—导套; 7—下固定板; 8—推杆; 9—支承板; 10—复位杆; 11—推杆固定板; 12—推板; 13—动模座板; 14,16,25—螺钉; 15—销钉; 17,19—型芯; 18—下凹模镶块; 20—楔紧块; 21—斜导柱; 22—侧抽芯滑块; 23—限位挡块; 24—弹簧; 26—垫块; 27,28—侧型芯

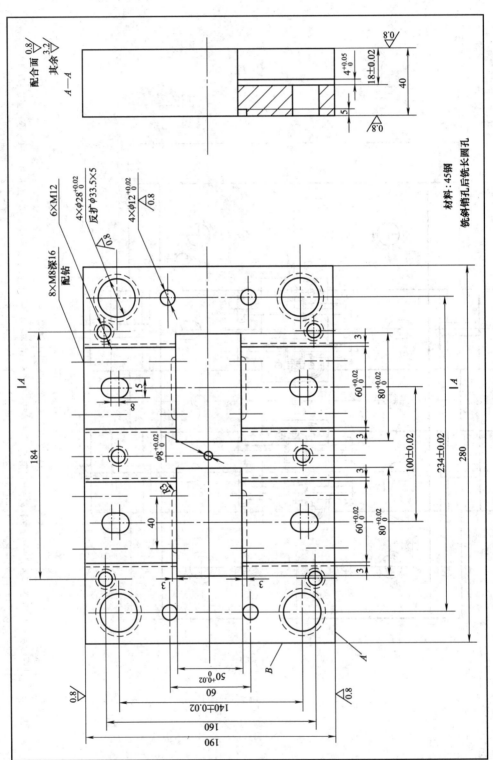

图 7-36　下固定板

7.4.5　模具闭合高度的确定

在支承与固定零件的设计中，根据经验确定：定模座板，$H_1 = 25\text{mm}$；上固定板，$H_2 = 25\text{mm}$；下固定板，$H_3 = 40\text{mm}$；支承板，$H_4 = 25\text{mm}$；动模座板，$H_6 = 25\text{mm}$；

根据推出行程和推出机构的结构尺寸确定垫块：$H_5 = 50\text{mm}$。

因而模具的闭合高度为

$$H = H_1 + H_2 + H_3 + H_4 + H_5 + H_6$$
$$= 25 + 25 + 40 + 25 + 50 + 25$$
$$= 190 \ (\text{mm})$$

7.4.6　注射机有关参数的校核

本模具的外形尺寸为 $280\text{mm} \times 190\text{mm} \times 190\text{mm}$。XS-Z-60 型注射机模板最大安装尺寸为 $350\text{mm} \times 280\text{mm}$，故能满足模具的安装要求。

由上述计算模具的闭合高度 $H = 190\text{mm}$，XS-Z-60 型注射机所允许模具的最小厚度 $H_{\min} = 70\text{mm}$，最大厚度 $H_{\max} = 200\text{mm}$，即模具满足

$$H_{\min} \leqslant H \leqslant H_{\max}$$

的安装条件。

经查资料 XS-Z-60 型注射机的最大开模行程 $S = 180\text{mm}$，满足推出制件的要求。

$$S \geqslant H_1 + H_2 + (5 \sim 10)\text{mm}$$
$$= 10 + 12 + 10$$
$$= 32 \ (\text{mm})$$

此外，由于侧分型抽芯距较短，不会过大增加开模距离，注射机的开模行程足够。

经验证，XS-Z-60 型注射机能满足使用要求，故可采用。

7.4.7　绘制模具总装图和非标零件工作图

非标零件工作图在此仅以固定板为例，如图 7-35 所示，其余略。本模具的总装图如图 7-36 所示。

本模具的工作原理：模具安装在注射机上，定模部分固定在注射机的定模板上，动模固定在注射机的动模板上。合模后，注射机通过喷嘴将熔料经流道注入型腔，经保压，冷却后塑件成型。开模时动模部分随动模板一起运动，渐渐将分型面打开，与此同时，在斜导柱 21 的作用下侧抽芯滑块从型腔中退出，完成侧抽芯动作。当分型面打开到 32mm 时，动模板运动停止，在注射机顶出装置作用下，推动推杆运动将塑件顶出。合模时，随着分型面的闭合，侧型芯滑块复位至型腔，同时复位杆也对推杆 8 进行复位。

7.4.8　注射模主要零件加工工艺规程的编制

在此仅对上凹模镶块、下固定板的加工工艺进行分析。

上凹模镶块加工工艺过程见表 7-10。

下固定板的加工工艺过程见表 7-11。

表 7-10　上凹模镶块加工工艺过程

序号	工序名称	工序内容
1	下料	ϕ80mm×31mm
2	锻料	锻至尺寸 85mm×60mm×30mm
3	热处理	退火至 180～200HBS
4	刨	刨六面至尺寸 81mm×56mm×26.5mm
5	平磨	磨六面至尺寸 80.4mm×55mm×26mm，并保证 B、C 面及上下平面四面垂直度 0.02mm/100mm
6	数控铣	①以 B、C 面为基准铣型腔，长、宽到要求，深度到 1.5mm ②铣流道及浇口，除其深度按图纸相应加深 0.26mm 外，其余到要求 ③铣"2×40×2.5"台阶，使相关尺寸"$50_{-0.022}^{0}$"到 50.5mm
7	钳	①研光型腔及浇口流道，R_a=0.2～0.4μm ②修锉"2×40×2.5"台阶两端"R2.5"圆弧到要求
8	热处理	淬火至要求
9	平磨	磨"△25"尺寸到 25.5mm，型腔面磨光为止；磨"$80_{-0.02}^{0}$"到要求。注意保证各面垂直，垂直度 0.02mm/100mm
10	成型磨	磨"$50_{-0.02}^{0}$"到要求
11	钳	将本件压入上固定板
12	平磨	与上固定板配磨，使本件与上固定板上下齐平，且使型腔深度到要求
13	钳	研型腔到 R_a=0.1μm，研浇口到 R_a=0.8μm

表 7-11　下固定板加工工艺过程

序号	工序名称	工序内容
1	下料	切割钢板至尺寸 285mm×195mm×45mm
2	刨	刨六面至硬度 281mm×191mm×41mm
3	热处理	调质至硬度 20～25HRC
4	平磨	磨六面至尺寸 280mm×190mm×40mm，保证 A、B 面及两个大平面四面垂直，垂直度 0.01mm/10mm
5	钳	①划线：以 A、B 面为基准划各孔位中心线；"60"槽宽线；中间"2×80×50"线切割穿线孔位中心线 ②钻穿线孔
6	线切割	以 A、B 面为基准切"2×80×50"方孔到要求
7	铣	①以 A、B 面为基准找正，铣导滑槽到要求；注意滑槽位置与线切割方孔位置对中 ②翻面铣"4×40×5"柱台 ③与上固定板配铣"4×ϕ28"孔到要求；并扩"ϕ33.5×5"孔到要求
8	钳	与下垫板配合加工 ①钻铰"4×ϕ12"孔到要求；钻铰中间"ϕ8"孔到要求 ②配钻"6×M12"螺纹底孔，并攻螺纹到要求 ③配钻"8×M8"螺纹底孔，并攻螺纹到要求
9	铣	模具组合件钻镗斜销孔，确定 4 个中心距为"8"、两端为"ϕ15"半圆的长圆孔孔位 拆卸组合件后，单独铣该 4 个长圆孔到要求

7.5　防护罩注射模设计实例

7.5.1　设计任务书

名称：防护罩

材料：ABS（抗冲）；

数量：大批量生产；

质量：18g；

颜色：红色；

要求：塑件外表面光滑、美观，下端外缘不允许有浇口痕迹，塑件允许的最大脱模斜度为 $0.5°$。

防护罩塑件图如图 7-37 所示。

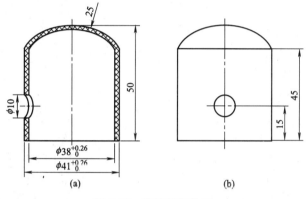

图 7-37　防护罩塑件图

7.5.2　塑件的工艺性分析

(1) 塑件材料特性

ABS 塑料（丙烯腈-丁二烯-苯乙烯共聚物）是在聚苯乙烯分子中加入了丙烯腈、丁二烯等异种单体而成的改性共聚物，也可以称为改性聚苯乙烯，具有比聚苯乙烯更好的使用性能和工艺性能。ABS 塑料是一种常用的具有良好的综合力学性能的工程塑料。它具有良好的机械强度，特别是抗冲击强度；具有一定的耐磨性、耐寒性、耐水性和耐油性、化学稳定性。不透明，无毒，无味，成型塑件的表面有较好的光泽。其缺点是耐热性不高，耐气候性较差，在紫外线的作用下易变硬、发脆。

(2) 塑件材料成型性能

使用 ABS 注射成型塑件时，由于熔体黏度高，所需要的注射成型压力较高，因此塑件对型芯的包紧力较大，故塑件应采用较大的脱模斜度；另外熔体黏度高，使 ABS 塑件易产生熔接痕，所以模具设计时应注意尽量减少浇注系统对料流的阻力。ABS 易吸水，成型加工前应进行干燥处理。在正常成型条件下，ABS 塑件的尺寸稳定性较好。

(3) 塑件成型工艺参数的确定

查相关手册得到 ABS（抗冲）塑件的成型工艺参数如下。

密度：$1.01 \sim 1.04 g/cm^3$；

收缩率：$0.3\% \sim 0.8\%$；

预热温度：$80 \sim 85℃$，预热时间 $2 \sim 3h$；

料筒温度：后段 $150 \sim 170℃$，中段 $165 \sim 180℃$，前段 $180 \sim 200℃$；

喷嘴温度：$170 \sim 180℃$；

模具温度：$50 \sim 80℃$；

注射压力：60～100MPa；

成型时间：注射时间 20～90s，保压时间 0～5s，冷却时间 20～150s。

7.5.3　选择成型设备并校核有关参数

选用 G54-S200/400 型卧式注射机，其有关参数为：

最大注射量：200/400cm³；

注射压力：109MPa；

锁模力：2540kN；

最大成型面积：645cm²；

装模高度：165～406cm；

最大开模行程：260cm；

喷嘴圆弧半径：18mm；

喷嘴孔直径：4mm；

拉杆间距：290mm×368mm。

该注射模具外形尺寸为 300mm×250mm×345mm，小于注射机拉杆间距和最大模具厚度，可以方便地安装在注射机上。经校核注射机的最大注射量、注射压力、锁模力和开模行程等参数均能满足使用要求，故可用。

7.5.4　成型零件工作尺寸计算

取 ABS 的平均收缩率 0.6%，塑件未注公差按照 SJ 1372 中的 8 级精度公差选取，即取 "$R25$" 为 "$R25^{+0.94}$"，"50" 为 "$50^{+1.2}$"，"45" 为 "$45^{+1.2}$"，"$\phi10$" 为 "$\phi10^{+0.52}$"，"15" 为 "$15^{+0.68}$"，"48.4" 为 "$48.4^{+1.2}$"，根据计算公式得凹模、型芯工作尺寸（过程略），结果见表 7-12。

表 7-12　凹模和型芯的工作尺寸计算

类别	零件名称	塑件尺寸	计算公式	凹模或型芯工作尺寸
凹模	径向尺寸	$\phi41^{+0.26} \rightarrow \phi41.26_{-0.26}$ ①	$L_m = [L_s + L_s S - 3\Delta/4]^{+\delta_z}_0$	$41.31^{+0.09}_0$
		$R25^{+0.94} \rightarrow R25.94_{-0.94}$ ①		$25.39^{+0.31}_0$
	深度尺寸	$50^{+1.2} \rightarrow 51.2_{-1.2}$ ①	$H_m = [H_s + H_s S - 2\Delta/3]^{+\delta_z}_0$	$50.91^{+0.40}_0$
		$45^{+1.2} \rightarrow 46.2_{-1.2}$ ①		$45.88^{+0.40}_0$
型芯	径向尺寸	$38^{+0.26}$	$l_m = [l_s + l_s S + 3\Delta/4]^0_{-\delta_z}$	$38.42^0_{-0.09}$
		$\phi10^{+0.52}$		$10.45^0_{-0.17}$
	深度尺寸	$48.4^{+1.2}$	$h_m = [h_s + h_s S + 2\Delta/3]^0_{-\delta_z}$	$49.29^0_{-0.40}$
		$15^{+0.68}$		$15.43^0_{-0.23}$

① 根据塑件尺寸偏差标注转化而得。

注：型腔侧壁厚度和底板厚度计算略。

7.5.5　模具结构方案确定

塑件采用注射成型方法生产，为保证塑件表面质量，采用点浇口浇注系统形式，因此模具应为三板式注射模具结构。

(1) 确定行腔数目及布置

塑件形状较简单,质量较小,生产批量较大,所以应使用多型腔注射模具。考虑到塑件侧面有 ϕ10mm 的圆孔,需要侧向抽芯,所以模具采用一模两腔,平衡式的型腔布置,这样的模具结构尺寸较小,制造加工方便,生产效率高,塑件成本较低。型腔布置如图 7-38 所示。

(2) 选择分型面

塑件分型面的选择应保证塑件的质量要求,本实例中塑件的分型面位置可有图 7-39 所示两种。其中,图 7-39(a)所示的分型面选择在轴线上,结果会使塑件表面留下分型面痕迹,影响塑件的表面质量,同时这种分型面也使侧向抽芯困难;图 7-39(b)所示的分型面选择在塑件的下端面,这样的选择使塑件外表面可以在整体凹模型腔内成型,塑件的外表面光滑,同时侧向抽芯容易,塑件脱模方便,因此选择 7-39(b)所示的分型面位置。

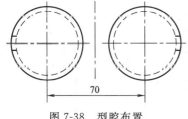

图 7-38 型腔布置

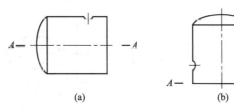

图 7-39 分型面位置

(3) 确定浇注系统

塑件采用点浇口成型,其浇注系统形式如图 7-40 所示。点浇口直径为 ϕ0.8mm,长度为 1mm,头部球半径 $R = 1.5 \sim 2$mm,锥角为 60°。分流道截面采用半圆截面流道,其半径 $R = 3 \sim 3.5$mm。主流道为圆锥形,上端直径与注射机喷嘴相配合,下端直径为 ϕ8mm。

(4) 成型零件结构设计

成型零件结构设计包括凹模设计和型芯设计两个方面。

凹模采用组合式结构,由定模板 4、定模镶件 26 组成,如图 7-45 所示。定模板 4 成型塑件的侧壁,定模镶件 26 成型塑件的顶部,而且点

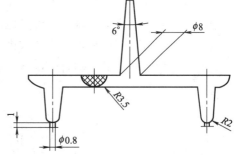

图 7-40 点浇口浇注系统

浇口开设在定模镶件上,这样可使加工方便,有利于凹模的抛光。定模镶件可以更换,提高了模具的使用寿命。

型芯由动模板 16 上的孔固定,如图 7-45 所示。型芯与推件板 18 采用锥面配合,以保证配合紧密,防止塑件产生飞边。另外,锥面配合可以减小推件板在推出塑件运动时与型芯之间的磨损。

(5) 确定推出方式

由于塑件形状为圆壳形而且壁厚较薄,使用推杆推出容易在塑件上留下推出痕迹,不宜采用。所以选择推件板推出机构完成塑件的推出,这种方法结构简单,推出力均匀,塑件在推出时变形小,推出可靠。

（6）确定抽芯方式

塑件侧面有 $\phi10mm$ 的圆孔，因此模具应设置侧向抽芯机构，由于抽芯距离较短，抽芯力较小，所以采用斜导柱抽芯机构。斜导柱装在定模上，滑块装在推件板上，开模时斜导柱驱动滑块运动，以便抽出滑块前端的侧型芯部分。

（7）确定模温调节系统

一般生产 ABS 材料塑件的注射模具不需要加热。模具的冷却分两部分，一部分是凹模的冷却，另一部分是型芯的冷却。

凹模冷却回路形式采用直流式的单层冷却回路，该回路是由在定模板上的两条 $\phi10mm$ 的冷却水道完成的，如图 7-41 所示。

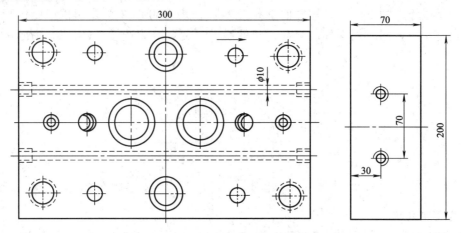

图 7-41　凹模冷却回路形式

型芯冷却回路形式采用隔板式管道冷却回路，如图 7-42 所示。在型芯内部有 $\phi16mm$ 的冷却水孔，中间用隔水板 2 隔开，冷却由支承板 5 上的 $\phi10mm$ 冷却水孔进入，沿着隔水板的一侧上升到型芯的上部，翻过隔水板，流入另一侧，再流回支承板上的冷却水孔；然后继

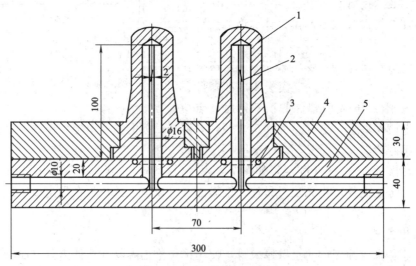

图 7-42　型芯冷却回路形式

1—型芯；2—隔水板；3—密封圈；4—型芯固定板；5—支承板

续冷却第二个型芯，最后由支承板的冷却水孔流出模具。型芯 1 和支承板 5 之间用密封圈 3 密封。

(8) 确定排气方式

利用分型面间隙排气即可。

(9) 模具结构方案

模具结构为三板式注射模具，如图 7-43 所示。采用定距拉杆 1 和限位螺钉 20 控制分型面 A 和分型面 B 的打开距离，其距离应大于 40mm，以方便拉断点浇口凝料并脱出。动、定模主分型面 C 的打开距离应大于 65mm，以便推出塑件。

(10) 选择模架

模架的结构如图 7-44 所示。模具的外形为长 300mm、宽 250mm、高 345mm。

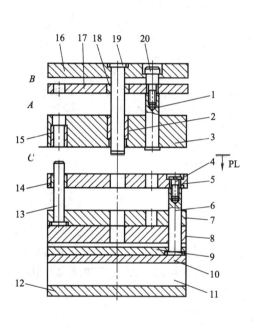

图 7-43　三板式注射模具结构

1—定距拉杆；2,14,15,18—导套；3—定模板；4—螺
钉；5,10—推件板；6—复位杆；7—动模板；
8—支承板；9—推杆固定板；11—垫块；
12—动模座板；13,19—导柱；16—定
模座板；17—脱浇板；20—限位螺钉

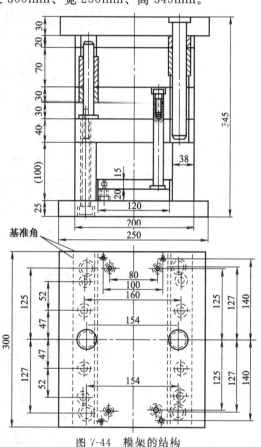

图 7-44　模架的结构

7.5.6　模具总装配图绘制

该注射模总装配图如图 7-45 所示。

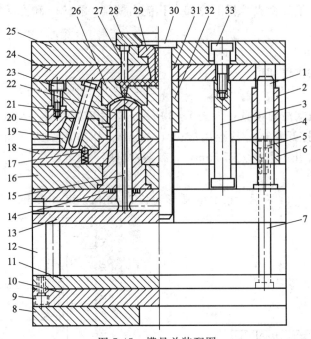

图 7-45　模具总装配图

1,30—导柱；2,6,31,32—导套；3—定距拉杆；4—定模板；5,9,23—螺钉；7—复位杆；8—动模座板；
10—推板；11—推杆固定板；12—垫块；13—支承板；14—密封圈；15—隔水板；16—动模板；
17—定位钢球；18—推件板；19—侧滑块；20—楔紧块；21—斜导柱；22—型芯；
24—脱浇板；25—定模座板；26—定模镶件；27—拉料杆；28—定位圈；
29—主流道衬套；33—限位螺钉

7.6　支架注射模具设计

随着注射成型技术的不断发展，塑料制品已经深入到日常生活中的每一个角落。由于塑料件具有重量轻、生产方便、价格便宜等优点，故大到成人用品，小到儿童玩具，几乎全部采用塑料件生产。塑料件的模具结构应根据实际生产的具体要求来进行设计。

7.6.1　塑件分析

支架零件如图 7-46 所示，塑件材料为 ABS。ABS 具较有高强度、热稳定性及化学稳定性，注射时流动性好，易于成型，收缩率小（理论收缩率为 0.5%），溢料值为 0.04mm，比热容较低，在模具中凝固较快，模塑周期短，塑件尺寸稳定，表面光亮度高。支架零件外形简单，精度要求不高，在各连接的转角处都用 $R=1mm$ 的圆角过渡，避免了型芯的过快磨损。从塑件的壁厚上看，在确保塑件的强度和刚度而又不致使塑件的壁厚过大，该塑件在适当的位置上设置加强筋使壁厚均匀，这样既节省材料，还避免气泡、缩孔、凹痕、翘曲等缺陷，塑件壁厚都是 3mm，即壁厚的均匀程度非常理想，成型的控制也比较容易。由于支架零件的下表面是要与平面相接触的，所以这个平面不能设计脱模斜度，这个是设计该塑料模的关键之处。由于没有侧孔，所以不需要采用侧抽芯方式，相对来说模具的结构比较简单。根据计算，该零件的生产可在 XS-ZY-250 型注射机上进行，采用一模一腔，模具设计应注意符合注射机的各项工艺参数。

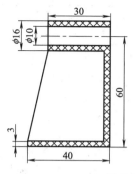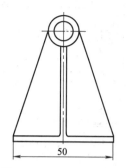

图 7-46　支架零件图

7.6.2　确定模具结构形式

（1）主分型面的确定

分型面的选择不仅关系到塑件的正常成型和脱模，而且涉及模具结构和制造成本。分型面的选择应注意以下几个方面：

① 必须开设在制件断面最大的地方；

② 不选在制品光亮平滑的外表面或带圆弧的转角处；

③ 尽量使制件留在动模侧；

④ 把要求同心的部分放在同一侧。

此塑件有如图 7-47 所示的 A—A、B—B、C—C 三种不同的分型面，考虑到塑件壁厚、形状、体积以及塑件成型时收缩对型芯包紧力的大小，分型面选在 A—A 位置是较为科学的，这样能够保证塑件留在动模，使塑件能够顺利顶出，在保证塑件外观的同时，简化了模具的脱模机构。

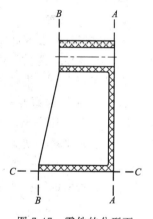

（2）排气方式的确定

在注射成型过程中，模具内除了型腔和浇注系统原有的空气外，还有塑料受热或凝固时产生的低分子挥发气体。这些气体若不能顺利排出，则可能因填充时气体被压缩而引起塑件局部炭化烧焦，或使塑件形成气泡、产生熔接不牢、表面轮廓不清及充填不满等成型缺陷。另外气体的存在还会产生反压力而降低充模速度，因此设计模具时必须考虑型腔的排气问题。

图 7-47　零件的分型面

由于该模具的总体尺寸较小，属于小型模具，可以利用推杆、活动型芯以及型芯端部与模板的配合间隙、分型面进行排气。其配合间隙为 0.03～0.05mm。

（3）型腔的结构及固定方式

该塑件的外形简单，但设计出来的模具的型腔底部形状比较复杂，所以可将底部与侧壁分开来单独加工，使内形加工变为外形加工，加工难度将因此而下降。但将分割面镶拼以后，塑料熔体容易溢进拼缝而产生横向飞边，因此，对制品脱模不利。为了解决这一问题，一方面需要提高镶拼面的形状加工精度，另一方面则可以改变镶拼结构，使结构中可能产生的横向飞边转变成纵向飞边，一般来讲，纵向飞边对制品脱模和制品外观均影响不大。

由于此模具采用一模一腔的形式，镶拼型腔的组合采用压入方法进行，型腔由 2 块组成。组合后的型腔的可采用线切割进行加工。组合型腔一半的简图如图 7-48 所示。

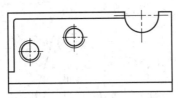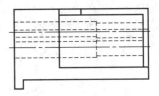

图 7-48　组合型腔

(4) 型芯的结构设计与固定方式

由于塑件只有一个孔，所以只要采用一个圆形的型芯。考虑到该模具的总体结构与塑件的脱模，其固定方式可采用方形键，型芯的简图如图 7-49 所示。

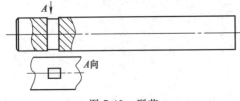

图 7-49　型芯

(5) 浇口形式及位置设计

考虑到塑件的外观质量，并且该塑件的体积比较小，此模具可采用点浇口，由于它的尺寸小，浇口前后两端存在较大的压力差，能有效地增大塑料熔体的剪切速率并产生较大的剪切热，从而导致熔体的表观黏度下降，流动性增加，利于充模。点浇口在开模时容易实现自动切断，制件上残留浇口痕迹很小。所以该模具采用点浇口是比较合理的。根据该塑件的具体情况，可以把点浇口的位置设计在塑件的中心，如图 7-50 所示。

(6) 确定脱模机构

由于此模具的型腔和型芯都在动模上，可采用推管加推杆的方式进行脱模，总共采用 4 根推杆和 1 根推管。推杆和模板的配合采用 H7/f7，推杆的直径为 $\phi 8$mm。设计时要特别注意推杆抗弯强度与耐磨性等耐用因素。推管与模板的配合采用

图 7-50　点浇口的位置

H7/f7，外径为 $\phi 16$mm，内径为 $\phi 10$mm，设计时同样要考虑到推管的抗弯强度与耐磨性等耐用因素。其材料一般采用 T8A，端部淬硬到 $50 \sim 55$HRC；配合表面的粗糙度 R_a 为 $0.8 \sim 0.4 \mu m$，推杆与推管一般采用固定板加垫板固定；回程时用复位杆使推板回程，由导柱导套进行导向。推管的结构如图 7-51 所示。

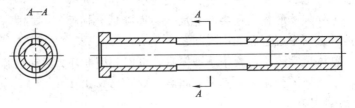

图 7-51　推管的结构

由于此模具是三板模，有两个分型面，第一个分型面是为了将浇注系统凝料取出。为了能让第一分型面先分型，所以在第一个分型面设计 4 个弹簧，目的是为了促进分型，使模具的分型有先后顺序。

7.6.3　模具工作过程

图 7-52 所示为支架注射模具装配图。模具工作过程为：开模时，注射机开合模系统带

动动模部分后移，由于弹簧19的作用，模具首先在 A 分型面分型，中间板10随动模一起后移，主浇道凝料随之拉出。当动模部分移动一定距离后，中间板10与固定在定模座板11上的限位导柱下端接触，使中间板停止移动。动模继续后移，在 B 分型面分型。因塑件包紧在型芯上，这时浇注系统凝料在浇口处自行拉断，然后在 A 分型面之间自行脱落或人工取出。动模继续后移，当注射机的推杆接触推板时，推出机构开始工作，推件板在推杆的推动下将塑件从型芯上推出，塑件在 B 分型面之间自行落下。

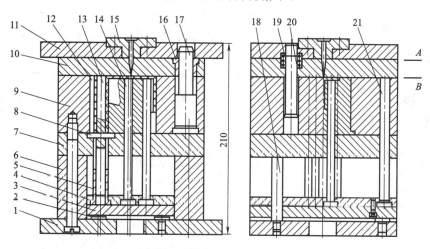

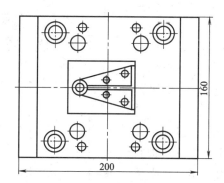

图 7-52　支架注射模具装配图

1—动模垫板；2—挡钉；3—推板；4—推杆固定板；5—推管；6—支架；7—支承板；8—键；9—动模板；
10—中间板；11—定模座板；12—组合型腔；13—型芯；14—推杆；15—浇口套；16—导套；
17—导柱；18—推板导柱；19—弹簧；20—限位导柱；21—复位杆

经过车间实际生产证明，该模具结构简单、经济实用，具有良好的工艺性。用该模具生产出的塑料支架尺寸和表面质量均能达到设计要求。

7.7　带螺纹壳体塑件注射模设计

在塑件的实际生产中，通常会遇到各种形式的带螺纹的壳体，它们结构简单、成型性要求不高，这类带螺纹塑件注射模设计的关键问题之一是如何脱螺纹。对于有侧孔、侧凹或凸台的塑件成型时，模具结构要用到侧抽芯机构。而侧抽芯机构用得最多的是机动侧抽芯机

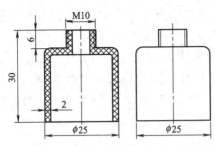

图 7-53　带外螺纹壳体塑件图

构，即斜导柱侧抽芯机构和斜滑块侧抽芯机构。本节针对带外螺纹塑件壳体的结构特点，介绍模具的设计思路及其工作过程。

7.7.1　塑件工艺分析

带外螺纹壳体塑件图如图 7-53 所示，塑件的下面是一个薄壁圆筒形，上部分是一个带外螺纹的瓶口，螺纹不能强行推出，由图 7-53 可知，瓶子的直径为 25mm，高为 30mm，壳体口的螺纹尺寸为"M10×6"，壳体的壁厚为 2mm，产品要求均匀一致，内外型腔表面光滑，无飞边、毛刺、熔接痕、气孔等缺陷。塑件带有外螺纹，并且壳体的内壁和外壳处有一个很小的转角，注射材料为 PP（聚丙烯），该塑件流动性较好，并且具有优良的耐蚀性和耐热性。

7.7.2　模具结构设计

该模具设计的关键在于壳体的螺纹部分能不能顺利脱模。在设计之前，根据塑件在模具中的摆放位置，考虑了以下几种设计思路。

① 第一种设计思路是：壳体平放，空壳的内腔采用斜导柱-斜滑块进行侧抽芯来完成，这样，塑件的螺纹在脱模的时候不易损坏，但是，由图 7-53 可知，由于壳体的长度有 30mm，这样会影响到模具的整体尺寸，增加了塑件的成本。

② 第二种思路：大型芯杆设置在定模上，螺纹部分仍然利用斜滑块来进行脱模，由于壳体的口径为 10mm，壳体为 25mm，设计 2 个滑块，每个滑块行程至少为 7.5mm，理论上是可行的，但由于推件杆作用在塑件上的作用力时间过长，行程较大，也不是最合理的选择。

③ 最终确定采用斜导柱-斜滑块对螺纹部分进行脱模，这样成本相对较低。

根据塑料的性能可知，塑料的收缩率确定为 1.6%，脱模斜度根据塑件的成型工艺特点，注射完毕后塑件要留在定模上，所以成型壳腔的型芯的脱模斜

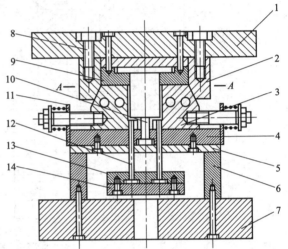

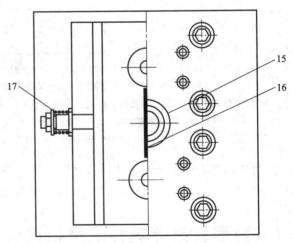

图 7-54　模具结构

1—定模座板；2—楔紧块；3—侧型芯滑块；4,9—型芯固定板；5—垫板；6—垫块；7—动模座板；8—螺钉；9—型芯杆；11—挡块；12—推件杆；13—推杆固定板；14—推板；15—浇口；16—浇道；17—弹簧

度为 0.6°，成型小壳体不设脱模斜度，注射模结构设计如图 7-54 所示，塑件的浇口布置形式如图 7-55 所示。

由于壳体底部是贯通的，所以脱模比较方便。在动模上有一较大的型芯杆，这是用来成型壳体的内腔，在定模上有一个较小的型芯杆，脱模以后，塑件要留在定模上，在顶件杆推件力的作用下，顺利从模具中推出，这就要求考虑两型芯杆的不同脱模角度。

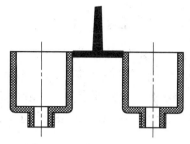

图 7-55　塑件浇口布置形式

虽然此模具的结构设计难度小，但要使得结构合理，必须通过分析比较，原来的几种设计方法，如塑料件平放，就要设计一个大的侧抽型芯，增大了模具的体积，结构较复杂，成本较高；如果采用空壳向下，滑块设置在定模的分型面上，当注射完毕后，模具开启，滑块向两侧滑动，由于壳口较小，滑块移动的距离较大，这样，势必影响到它的体积和弹簧的设置，这两种设计都不合理。通过分析，最终采用壳体向上，壳口朝下，大型芯设置在动模上，小型芯设置在定模上的模具结构，大型芯设置有一个 0.6° 的脱模斜度，小型芯不设置脱模斜度，这样保证塑件留在定模上，当注射完毕后，塑件通过顶料杆顶出定模，模具的结构采用一模两腔。

7.7.3　模具的工作过程

注射成型时，由楔紧块 2 对侧型芯滑块进行锁紧，保证形成一个完整的型腔。熔融塑料由注射机喷嘴流入模具型腔。注射完成后，经过双层循环水的冷却后，注射机进行开模动作。楔紧块首先与侧型芯滑块脱离接触，随后定模型腔由于塑件的锥度使得很容易与塑件脱离。在开模过程中，由于弹簧的作用，侧型芯滑块侧向分型，并随着开模动作的完成而结束侧向分型动作。随后，注射机进行顶出动作，顶杆直接作用于推杆而强行将塑件顶出型芯。完成一个注射过程。

7.7.4　模具的设计要点

塑料模具的设计要点是模具的整体结构设计要合理，尤其是壳体螺纹部分的脱模问题，要保证螺纹部分顺利地从模具中脱出，又要使模具结构简单，设计斜导柱-斜滑块进行侧向分型来保证螺纹的精度要求。

对于带螺纹的壳体塑件，在模具设计的时候要考虑塑件的脱模问题，通过分析比较，采用斜滑块-侧抽芯模具。采用这种模具进行生产，模具结构简单、制造方便，成本低。

7.8　分油管周向+型芯斜槽抽芯注射模设计

在塑料注射模设计中，圆周方向的侧向抽芯，尤其是圆周方向的多型芯侧向抽芯，一直是令模具设计者非常头疼的问题。圆周方向多型芯斜槽抽芯结构就是将要抽芯的滑块用导引销连接到抽芯元件的斜槽中，开模过程中，抽芯零件旋转一定的角度，使导引销沿斜槽滑动，达到抽出滑块的目的。本节介绍的分油管的注射模，就是利用这一原理有效地解决了圆周方向型芯抽芯难题。

7.8.1 塑件工艺分析

分油管塑件图如图 7-56 所示，材料为 PA66，该塑件高 62mm，外径 48mm，内径 42mm，一端带有一个高 5mm、直径为 52mm 的凸台。塑件中部有 10 个均匀分布的直径为 5mm 的小孔，塑件要求内、外表面光滑，表面粗糙度 $R_a \leqslant 0.2\mu m$。该塑件看似简单，但其中部 10 个均匀小孔的型芯的侧向抽芯，是模具设计的一大难题。

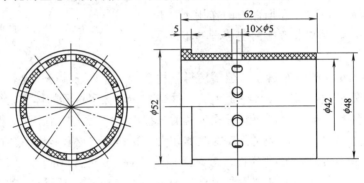

图 7-56　分油管塑件图

7.8.2　模具结构设计

根据塑件产品的结构特点和具体要求，模具结构设计应考虑如下几个方面（见图7-57）。

(1) 浇注系统设计

由于塑件特殊的外观及表面质量要求，模具采用盘形浇口，浇口设置在塑件带凸台一端，分流道为圆盘形，浇口为圆环，这是一种全面进料形式，不会产生熔接痕，只要浇口各处厚度保持一致，就可以保证均衡充模，保证塑件壁厚的均匀性。

(2) 圆周侧向分型与抽芯机构的设计

因塑件圆周方向有 10 个通孔，必须采用侧向分型与抽芯机构，最常用的是斜导柱侧向分型与抽芯机构。但本模具如果采用这种形式则需要 10 个斜导柱驱动 10 个侧向滑块进行圆周方向侧向抽芯。而对每一个侧滑块设计时，又都要注意侧滑块的导滑、锁紧和抽芯时侧滑块脱离斜导柱时的定位，这样模具结构将十分复杂。同时在空间位置非常有限的情况下，结构安排也十分困难，影响使用寿命，模具整体性也显得较差，所以这种结构并非是理想结构。

设计如图 7-57 所示的模具，采用固定在定模板上的拨杆 4 驱动转盘 3 绕固定在动模板 5 上的轴套 17 旋转一定角度，转盘上与导滑槽轴线成 60°的圆腰形槽带动固定在 10 个侧滑块 15 上的圆柱销 16 进行侧向分型与抽芯，这种形式的圆周方向＋型芯侧向分型与抽芯机构，结构简单、可靠，整体性强，模具寿命长，塑件的精度要求也易于保证。

(3) 塑件脱模机构设计

塑件内、外表面不允许有推杆的痕迹，否则会影响塑件的外观质量，因此采用推管推出塑件，推管用内六角螺钉 11 安装在顶板 10 上。由于侧型芯在分型面上的投影与推管重合，这样在合模过程中会产生侧型芯与推管相互碰撞的干涉现象，因此，在顶板 10 和垫板 6 之间安装有 4 根弹簧 7，合模时依靠压缩弹簧的回复力使推出机构带动推管优先复位，从而避免干涉现象的发生。

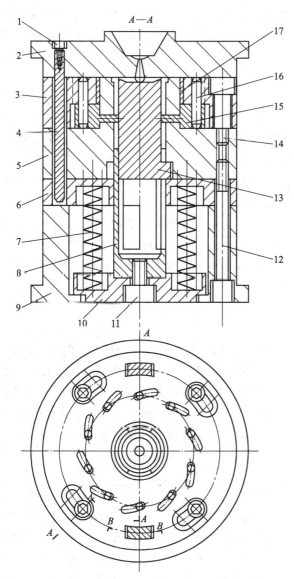

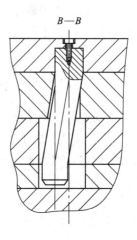

图 7-57　周向＋型芯斜槽抽芯注射模

1—内六角螺钉；2—定模板；3—转盘；4—拨杆；5—动模板；6—垫板；7—弹簧；8—三角顶管；9—模脚圈；
10—顶板；11，12—内六角螺钉；13—型芯；14—限滑钉；15—侧滑块；16—圆柱销；17—轴套

　　模具采用推管顶出塑件，模具闭合高度过大是其一大缺陷，本模具采用对推管进行特殊设计，加工成三角形式，使其在型芯 13 之中往复运动，推出塑件，从而有效降低了模具的整体高度。

7.8.3　模具的工作过程

　　注射结束开模时，动模部分向后移动，塑件在型芯 13 上随动模后移，主流道凝料同时从主流道中拉出，在拨杆 4 的驱动下，转盘 3 沿逆时针方向旋转一定角度，固定在侧滑块15 上的圆柱销 16 在转盘 3 上的斜槽作用下，使 10 个侧滑块同时做圆周方向侧抽芯。动模部分继续后移，直至开模行程终了，在注射机顶出系统的作用下，顶板 10 带动三角顶管 8使塑件从型芯 13 上顺利脱模。合模一开始，弹簧 7 使推出机构的顶板 10 带动三角顶管 8 优

先复位，有效地防止了侧型芯与三角顶管在复位时产生干涉。继续合模，拨杆使转盘顺时针旋转一定角度，转盘上的斜槽通过圆柱销使 10 个侧滑块同时复位，合模结束，完成注射成型的一次循环。

7.8.4　设计模具时的注意点

为了达到产品的精度要求和模具的设计要求，模具设计与制造时应该注意以下几点：

① 在本模具中，拨杆是一个受力比较大的零件，因此必须进行受力分析和强度校核，其形状为弯折状，截面应为矩形，这样的改变可以承受较大的作用力。

② 浇口环各处厚度要尽量一致，若厚度有差异，会使熔体进入型腔不均衡，从而引起型芯偏斜，另外，盘状浇口切除也较困难，需要专用工具冲切。

③ 为了提高侧抽芯时的精度要求，防止转盘在转动过程中因磨损而影响产品质量，设计中，采用淬火轴套 17，以过盈配合的方式固定在型芯 13 的外侧，而转盘采用 CrWMn 材料淬火（硬度至 60HRC）后磨削成与轴 H8/f8 配合，转盘上的圆腰形的孔用线切割加工。

7.9　水碗注射模设计

水碗制件图如图 7-58 所示，外形尺寸为 $\phi 160 \text{mm} \times 55 \text{mm}$。外观要求光滑，不可以出现分型面熔接痕，尤其是在水碗碗口部位。在水碗的外表面绝对不可以留下浇口的痕迹。水碗底部两侧都有凹陷部分，所以成型较难。水碗材料为 PC，是一种性能优良的热塑性工程塑料，成型收缩率可恒定在 0.5% ~ 0.8% 之间。

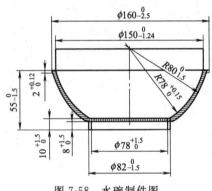

图 7-58　水碗制件图

7.9.1　零件的工艺性分析

制件的最大尺寸为 160mm，属于中小型制件，比较适合采用一模一件的模具结构。由于制件外观制造要求，浇口应该选取在水碗的底部。为了保证水碗的壁厚一致，模具设计成 4 根导柱的形式；并且还要对顶出板和顶杆固定板进行导向。鉴于水碗的碗体型腔较大，不便于制件的冷却，在型芯内部设置冷却系统，即设置圆环形的水通道，这样既可以使制件的冷却均匀，又可以加快制件的冷却速度。

7.9.2　模具结构设计和工作过程

(1) 模具结构设计

该模具结构如图 7-59 所示。由于采用点浇口，必须要应用两次开模。第一次开模，凹模型腔板 2 与定模板 1 分离，从中取出浇注系统凝料。第二次开模，动模板与凹模型腔板 2 分离，制件脱离定模板，随着动模一起运动。最后，脱模机构把塑件从动模板上脱下。

(2) 模具的工作过程

由于水碗注射模是采用两次分模的塑料模具，所以该模具的动作原理较为复杂。当模具被注射后，制件得到冷却一段时期后，动模板和凹模型腔板 2 都在动模底板 23 的带动下，开始离开定模板 1，此时制件与浇口断开；当凹模型腔板 2 上限程螺钉 12 阻挡住限位板 13 的继续运动时，这时凹模型腔板 2 与定模板 1 之间存在最大间距，可以取出浇注系统凝料。由于凹模型腔板 2 是由导柱 9 上的凹槽与弹簧 11 顶压的滚珠 10 配合，实现其与动模板的同步运动；因导柱 9 受到的牵引力远远大于弹簧 11 通过滚珠 10 带给它的阻力，滚珠 10 将会被挤出导柱 9 上的凹槽，从而凹模型腔板 2 将静止下来，然而动模板 15 会继续向下运动，这时模具型腔里的塑料制件，将同动模一起运动。这就是该塑料模具注射过程中的开模过程。

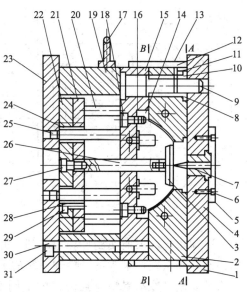

图 7-59　水碗注射模具结构

1—定模板；2—凹模型腔板；3—顶料片；4—浇口套 2；5—定位环；6,18,27,29,31—内六角螺钉；7—浇口套 1，8—导套；9—导柱；10—滚珠；11—弹簧；12—限程螺钉；13—限位板；14—型芯；15—动模板；16—橡胶垫圈；17—吊环；19—垫块；20—复位杆；21—顶杆固定板；22—顶出板；23—动模底板；24—导套；25—导柱；26—顶杆；28,30—圆柱销

当动模板走完行程时，由注射机的顶出机构推动模具的顶出板 22，带动顶杆 26 和顶料片 3，使制件脱离动模板和型芯 14。当顶出达到最大值时，就可以取出制件。这便是该塑料模具注射过程中的脱模。

接下来，顶杆 26、顶料片 3 等部件的复位，动模底板 23 带动动模板开始向定模运动，先和凹模型腔板 2 吻合，继续前进将会使凹模型腔板 2 和定模板 1 相配合。这便是该塑料模具注射过程中的合模。合模之后，注射机将会注射塑料，进行下一个注射过程。

7.9.3　分型面与浇注系统的设计

（1）分型面的选择

根据分型面应设在最大水平截面的原则，该制件的分型面应该选择在水碗的口部，如图 7-59 中的 B—B，即水碗的口部顶端水平面。由于采用点浇口，要取出浇注系统凝料，所以又设一分型面，如图 7-59 中的 A—A。

（2）浇注系统的设计

该模具采用一模一件的设计方案，因在碗的外表面上，绝对不可以留下浇口痕迹，所以只可以在水碗的底部浇注，且采用直浇道点浇口。具体设置如图 7-60 所示。

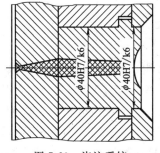

图 7-60　浇注系统

7.9.4　其他结构的设计

（1）导向机构的设计

① 动定模之间的导向机构设计。水碗模具必须要保证其位置精度高，只有这样才可以生产出壁厚均匀的水碗。所以要采用 4 根导柱导向。由于该模具采取两次分模，所以要在导柱上设置限位孔。同时，导套的相应位置也应设置小孔。具体模具结构如图 7-61 所示。

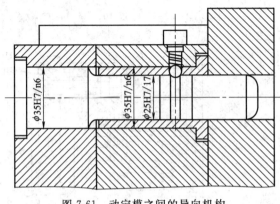

图 7-61　动定模之间的导向机构

② 推出系统的导向机构设计。为了确保水碗底部的壁厚均匀，使顶杆的顶出过程平稳，顶杆不至于弯曲或卡死，应用导向机构，具体形式如图 7-62 所示。这种导向机构是采用两根导柱的，安装在模具的中心线上，并对动模板起支承作用。

（2）冷却系统的设计

水碗是一种较大的中小型塑料制件。该制件的壁厚很小，并且分布均匀，对塑件的冷却造成了不便。仅仅通过定模板上的冷却水管，不能使制件均匀冷却，并且冷却速度较慢。可以在动模板上的型芯中做水碗的内部冷却系统，来改善其冷却系统的不足。

为了使模具冷却更快，且制件的不同部位冷却速度相等，必须采取较为复杂的冷却系统。该冷却系统可以分成两部分。一部分是凹模型腔板上的冷却系统。该部分是环绕凹模型腔一周的一个正方形的浇道，具体如图 7-63 所示。另一部分是动模板和型芯上的冷却系统，是由动模板上的两条与分型面平行的水道、与上述平面上的水道垂直相交的两条短水道和型芯上的环形凹槽以及橡胶垫片等组成。水道的直径都是 10mm，水道的外端口上都有螺纹，螺纹的大径为 12mm，螺纹深为 30mm，并且安装有水嘴、水管和水塞。水嘴规格为 M12。

实践证明，该模具结构紧凑、合理，各部分动作准确可靠，产品尺寸稳定。

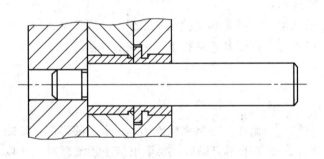

图 7-62　推出系统的导向机构

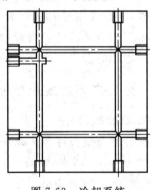

图 7-63　冷却系统

7.10　密封端盖注射模设计

7.10.1　塑件工艺分析

图 7-64 所示塑件为控制设备上的密封端盖，材料为聚碳酸酯（PC），其特点是：具有良好的力学性能，流动性好，易于成型，热稳定性好；成型收缩小（为 0.5%），溢料间隙为 0.03mm，但如果成型加工控制不当，容易发生制品开裂现象。端盖特点分析：在内侧壁有三个沿周向均分的内卡扣凹槽，其主要目的是实现和卡钩的锁紧，并保证塑件的外圆锥面与设备基体紧密结合，无明显凸出或凹进，这就要求三个卡扣凹槽的尺寸和位置要严格控

制,同时,端盖大端尺寸和锥度必须控制在公差范围内,由于是外观件,不允许有明显的浇口痕迹。

要达到上述要求,不仅要考虑注射工艺和注射设备,更为重要的是要设计结构可靠、工作稳定的模具。为此,该模具采用外推式斜导柱滑块抽芯机构和浇口废料外卸的模具结构,保证高质量地完成塑件生产。

7.10.2　模具结构及工作过程

端盖注射模模具结构见图 7-65。

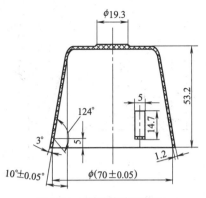

图 7-64　密封端盖塑件图

工作过程:塑件成型后,动、定模沿分型面分型,首先锁紧块 12 松开,套在支柱 2 上的弹簧恢复变形,推动活动推板 31 上升,斜推杆 9 上移,斜滑块 10 与斜推杆 9 的结合面松动,脱离接触,这时,斜导柱 11 作用,推动斜滑块 10 向内移动,完成内抽芯。同时,塑件留在动模一侧。当模具开到最大时,一方面,注射机的顶杆 29 推动推板 34,推板带动固定在推板固定板 33 上的顶杆 29 作用,将塑件从型芯顶出。另一方面,注射机喷嘴脱离活动套 17,压缩空气沿气管 16 进气,推动活动套 17 向外运动,将浇口拉断和主流道凝料推出。

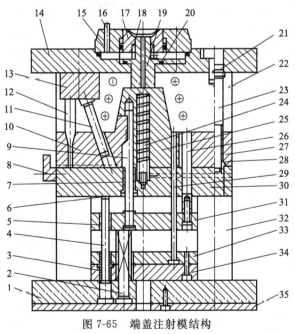

图 7-65　端盖注射模结构

1—动模板;2,32—支柱;3,5,7,27—导套;4,21,23—导柱;
6—弹簧卡片;8—挡板;9—斜推杆;10—斜滑块;11—斜导柱;
12—锁紧块;13—垫块;14—定模板;15—定位圈;16—气管;
17—活动套;18—浇口凝料;19—浇口套;20—密封圈;22—
型腔板;24—螺旋隔片;25—型芯;26—复位杆;28—动模框;
29—顶杆;30,35—垫板;31—活动推板;
33—推板固定板;34—推板

7.10.3　模具设计要点

(1) 浇口系统

本模具采用直浇口和点浇口相结合的形式,直浇口采用反向锥度结构,避免了采用传统点浇口的三板模形式,模具结构简单,工作可靠,为保证主流道的顺利脱模,浇口套 19 的锥度取 8°,活动套 17 的锥度取 30°。为了提高主流道凝料推出部件的使用寿命,减少磨损所带来的接触面密封不足、压缩空气压力下降问题,活动套 17 采用 CrWMn 制造,硬度 56～60HRC,表面氮化处理。

(2) 抽芯结构

抽芯结构的合理选择与设计是保证端盖高品质的关键。由于凹槽在塑件内部,模具采用斜导柱 11 装在定模、斜滑块 10 装在动模,并用锁紧块 12 锁紧。斜滑块的结构如图 7-66 所示。为保证各机构的开合模顺序,锁紧块的锥度取 45°,斜导柱的斜度为 20°,斜推杆

9 的斜度为 20°,斜推杆有两个斜面,在两个斜面之间有一段空当,在合模过程中,由于复位杆 26 的作用,活动推板 31 带动斜推杆向下运动,斜推杆的上斜面带动斜滑块到位,锁紧

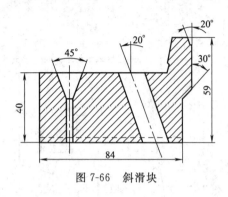

图 7-66　斜滑块

块锁紧。动、定模合模后，斜导柱与斜滑块有一个 2mm 间隙，以保证锁紧块先松开，斜推杆后松开，随后斜导柱作用。

（3）导向系统设计

动、定模的导向采用 6 根导柱来实现，其中，3 根导柱 21 固定在动模板上，3 根导柱 23 固定在定模板 14 上，采用对向的结构形式，保证了合模的准确性。斜推杆 9 是该模具的关键零件，它的位置、运动精度严重影响端盖的质量。因此，在垫板 30 安装了 3 个导套 7 给斜推杆 9 导向，斜推杆 9 和导套 7 的固定采用弹簧卡片实现，活动推板 31 的导向、推板 34 和推板固定板 33 的导向采用 3 根固定在动模板 1 上的小导柱 4 实现。

（4）冷却系统设计

冷却系统设计的原则是要保证塑件冷却均匀，冷却时间短，避免产生附加应力而带来塑件变形，影响产品的品质。为此，在型芯中安装了一个螺旋隔板 24，保证了冷却过程中温度场分布均匀性；型腔的冷却采用普通直水道实施。

（5）推件和复位机构设计

塑件的顶出是靠推板 34、推板固定板 33 带动顶杆 29 实现的。斜滑块 10 的先复位依靠复位杆 26 带动活动推板 31 向后运动，引发斜推杆 9 的移动来实现。

对于外观精度高的塑件注射，本节给出了通过反向浇口形式进行注射的结构，使熔融的塑料流动行程短，压力损失减小；内凹的抽芯采用斜导柱、斜滑块和锁紧块联合的结构，注射稳定，变形小；模具内冷采用螺旋隔板循环，外冷采用层状直水道冷却，保证了塑件冷却的均匀性，实际使用结果表明，模具工作可靠，结构合理，塑件质量稳定。

参 考 文 献

[1]　杨占尧. 塑料模具标准件及设计应用手册，北京：化学工业出版社，2008.

[2]　杨占尧. 塑料模具典型结构设计实例，北京：化学工业出版社，2008.

[3]　付宏生. 模具识图与制图，北京：化学工业出版社，2006.

[4]　杨占尧. 塑料注射模结构与设计，北京：高等教育出版社，2008.

[5]　模具实用技术丛书编委会. 塑料模具设计与应用实例，北京：机械工业出版社，2002.

[6]　黄晓燕. 塑料模典型结构100例，上海：上海科学技术出版社，2008.

[7]　廖月莹. 塑料模具设计指导与资料汇编，大连：大连理工大学出版社，2007.

[8]　温卫国. 支架的注射成型工艺及模具设，湘潭：湘潭师范学院学报，2008.2.

[9]　陈茂军等. 带螺纹壳体塑件注射模设计，模具制造，2008，7：30-31.

[10]　刘波等. 水碗注射模设计，塑料工业，2007，6：203-205.

[11]　杜继涛. 密封端盖注射模设计，北京：金属加工，2008，4：51-52.

[12]　韩森和. 模具钳工训练，北京：高等教育出版社，2005.

[13]　李学锋. 模具设计与制造实训教程，北京：化学工业出版社，2005.

[14]　贾润礼，程志远. 实用注塑模设计手册. 北京：中国轻工业出版社，2000.

[15]　陈万林. 实用注塑模设计与制造. 北京：机械工业出版社，2000.

[16]　《塑料模设计手册》编写组. 塑料模设计手册　北京，机械工业出版社，2002.

欢迎订阅化学工业出版社模具专业图书

书　　名	书　号	定价/元
模具识图	03684	32
模具钳工速查手册	03268	42
模具钢选用速查手册	03605	36
多工位级进模设计标准教程	02799	38
模具制造工艺入门	02999	16
冲压模具设计及实例精解（附光盘）	02190	38
新编工模具钢660种	01467	48
注塑成型工艺分析及模具设计指导	03486	38
模具钳工操作技能	02189	35
冲压模具设计与制造技术指南	02950	36
模具专业课程设计指导丛书——模具制造工艺课程设计指导与范例	03267	22
模具专业课程设计指导丛书——冲压模具课程设计指导与范例	01923	32
UG冲压模具设计与制造（附光盘）	01902	52
UG注塑模具设计与制造（附光盘）	7697	48
Pro/E冲压模具设计与制造（附光盘）	01942	55
Pro/E注塑模具设计与制造（附光盘）	01459	56
模具工工作手册	00145	25
模具机械加工工艺分析与操作案例	01013	18
模具数控铣削加工工艺分析与操作案例	01048	22
模具数控电火花成型加工工艺分析与操作案例	01449	18
模具数控电火花线切割工艺分析与操作案例	01461	18
冲压模具技术问答	01405	22
Pro/ENGINEER Wildfire 3.0模具设计基础与实例教程（附光盘）	00888	39
模具识图与制图——模具制造技术培训读本	9954	22
冲压工艺及模具——模具制造技术培训读本	9947	30
模具制造基础——模具制造技术培训读本	9909	20
模具加工与装配——模具制造技术培训读本	9956	30
塑料模具设计与制造过程仿真（附光盘）——模具制造技术培训读本	9961	48
冲压模具设计与制造过程仿真——模具制造技术培训读本	00447	48
冲模设计实例详解	9922	23
楔块模图册	9329	32
UG注塑模具设计实例教程	00297	28
Pro/E注塑模具设计实例教程	00337	28
Pro/E模具数控加工实例教程	00738	32
UG NX4.0注塑模设计实例——入门到精通	9352	38
UG NX4.0级进模设计实例——入门到精通（附送光盘一张）	9738	38
高速冲压及模具技术	9708	35
模具设计及CAD	8673	48
冲压模具简明设计手册	6233	66
锻造模具简明设计手册	8104	55
挤压模具简明设计手册	8237	33
注塑模设计与生产应用	6636	39
经济冲压模具及其应用	4639	24

以上图书由**化学工业出版社 机械·电气分社**出版。如要以上图书的内容简介和详细目录，或者更多的专业图书信息，请登录 www.cip.com.cn。如要出版新著，请与编辑联系。

地址：北京市东城区青年湖南街13号　（100011）

购书咨询：010-64518888（传真：010-64519686）

编辑电话：010-64519274

投稿邮箱：qdlea2004@163.com